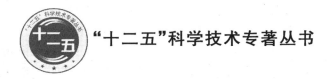

"十二五"科学技术专著丛书

网络隐私保护与信息安全

康海燕　著

U0282317

北京邮电大学出版社
www.buptpress.com

内 容 简 介

数据共享将带来巨大收益,然而,数据中的个人隐私泄露和信息安全将面临严峻挑战。本文围绕隐私保护数据发布(PPDP)的几个关键技术:隐私保护模型、匿名技术、差分隐私、基于隐私保护技术的应用、信息度量标准与算法、网络隐私保护的策略等问题展开讨论,主要涉及的技术和知识包括信息论、控制论、系统论、博弈论、管理学、数学、计算机安全、数据库系统、信息检索、数据挖掘、密码学、统计学、分布式处理和社会科学等,所以具有挑战性。本书内容的特点:理论和实践相结合。

图书在版编目(CIP)数据

网络隐私保护与信息安全 / 康海燕著. -- 北京:北京邮电大学出版社,2016.1(2023.2重印)
ISBN 978-7-5635-4621-3

Ⅰ.①网… Ⅱ.①康… Ⅲ.①计算机网络—信息安全—安全技术 Ⅳ.①TP393.08

中国版本图书馆 CIP 数据核字(2015)第 305963 号

书　　　名:网络隐私保护与信息安全
著作责任者:康海燕　著
责 任 编 辑:徐振华　孙宏颖
出 版 发 行:北京邮电大学出版社
社　　　址:北京市海淀区西土城路 10 号(邮编:100876)
发 行 部:电话:010-62282185　传真:010-62283578
E-mail:publish@bupt.edu.cn
经　　　销:各地新华书店
印　　　刷:北京京鲁数码快印有限责任公司
开　　　本:787 mm×1 092 mm　1/16
印　　　张:11.75
字　　　数:308 千字
版　　　次:2016 年 1 月第 1 版　2023 年 2 月第 4 次印刷

ISBN 978-7-5635-4621-3　　　　　　　　　　　　　　　　　定　价:29.80 元

前　言

　　21 世纪是信息科学与技术极速发展的时代,信息成为一种重要的战略资源,信息的获取、存储、处理及安全保障能力成为一个国家的综合国力的重要组成部分。数据开放要走之路,让不同领域的数据真正流动、融合起来,才能释放大数据的价值。但是,原始的数据形式通常包含个人的敏感信息,发布这些数据会侵犯个人的隐私。现今各行各业收集数据的能力大大提升,随之为基于知识和信息的决策提供了广泛的机会。在利益或者规章的驱动下,不同的群体之间都有数据交换和共享的需求。然而,数据的收集、发布和分析(挖掘)要面对的一个重要问题是隐私泄露和信息安全,即在前网络时代,隐私在法律、政府、组织、个人的多重保护下,是相对安全的,而网络的出现,令现实社会中个人隐私权的有关问题延伸到了网络空间,由于网络社会的开放特征,使得个人隐私面临着严重的威胁。

　　数据发布的现行做法主要依赖于相关的政策法规和去标识符的简单处理。这种简易处理方法可能导致大量数据缺乏足够多的保护。为此,相关专家和科技工作者正在积极开展相关研究,开发数据发布隐私保护(PPDP)的有效方法,寻找保护数据隐私的同时提高数据的实用性的平衡。数据隐私保护已经成为一个新兴的、非常热门的研究领域,并且针对不同的数据发布场景提出了许多方法。

　　本书主要介绍新兴的数据隐私保护研究领域的产生背景、基础知识(当前隐私问题、隐私法律、隐私保护模型、数据匿名化、统计数据库、隐私保护数据分析、社交网络隐私等)、隐私保护技术、实现方法、商业应用、最新研究成果和进展。研究数据实际发布过程中遇到的挑战,明确 PPDP 和其他相关问题的不同以及区分这些差异所需的要求,并对今后的研究方向提出建议。

　　从构思到撰写的过程中,得到多位老师的鼓励和支持,感谢埃默里大学(Emory University)隐私保护研究小组的支持。感谢北京市优秀人才培养资助项目(2013E005007000001)、国家自然科学基金项目(61272513)、教育部人文社会科学青年基金项目(11YJC870011)的支持。

　　感谢我们研究生团队成员的共同努力,大家一起讨论的日子里,获益甚多。

感谢参与实验和撰写的研究生：孟祥、于东、刘建昆、苑晓姣、李清华、赵格。

感谢本文引用参考文献的所有作者，他们的工作和研究成果给了我极大帮助和启发，是他们刻苦钻研和辛勤工作的成果成就了隐私保护和信息安全这片天地。书中有些基本概念和基础知识已经比较成熟，为避免基础知识和基本概念的歧义，书中引述了许多著名学者和专家相关论文的内容。其中大部分已征得相关专家的认可，但由于各种原因仍有大量引述未能当面征求原著者意见，书中已尽量做出明确标注。在此对这些作者包括所有参考文献作者表示致意和衷心感谢，未尽事宜，敬请谅解！

由于作者水平有限，书中疏漏在所难免，诚请各界学者、专家和读者批评指正。

目　　录

第1章 绪 论

据科学家预测,继实验科学、理论科学、计算机科学之后,数据密集型科学将成为人类科学研究的第四个范式(图灵奖获得者 Jim Gray 提出)。以大数据为代表的数据密集型科学将成为新技术变革的基石。大数据正在改变着世界,大数据已成为继云计算之后信息技术领域的另一个信息产业增长点。大数据"宝藏"将成为未来的新石油。但是大数据的共享和分析,增加了用户敏感数据泄露的风险,全国政协委员李晓明曾指出:"个人隐私保护是大数据时代的重要民生。"个人隐私保护正成为制约大数据发展的瓶颈,在网络时代,我们还没有找到一种方法可以完美守护我们的隐私,在这里,我们一起探讨。

1.1 研究背景

信息技术的迅速发展和互联网使用范围的扩大,更先进的信息采集、保存、共享和比较技术的出现,电子商务企业和政府部门对个人信息的大量收集和处理,为企业和国家带来了宝贵的知识与物质财富,与此同时,若不正确使用这些技术,将对个人隐私和数据安全构成威胁。隐私(Privacy)是一个逐渐为人们熟知和关注的话题。在一个特定的环境和时间点中,相对静态的隐私应该如何处理?

一个实例:Google 官司牵出公民隐私之忧。2005 年 8 月,美国司法部以打击网上黄色犯罪为由,要求美四大网络公司——美国在线、Microsoft、Yahoo、Google——提供有关网络搜索的数据信息(其中包括随机选择的网址和用户检索结果的数据)以协助调查,对于政府要求,除Google 以外的 3 家很快满足,唯独 Google 坚决加以抵制,理由:①这样将侵犯用户隐私权,损害Google 和用户建立的互信关系;②泄露公司搜索服务的商业秘密。Google 创始人塞尔吉·布林(Sergey Brin)表示保护隐私是 Google 的义务。2006 年,司法部将 Google 公司告上法庭。Google 与政府间的法律纠纷引发了关于因特网安全和公民网络隐私权的争议,网络隐私权的保护成为人们关注的焦点。因此,Google 与司法部的官司被认为是互联网时代美国网络公司与政府围绕隐私权问题爆发的"世纪大战"。"大战"结果:Google 抗争后占得上风。由于在舆论的压力面前,司法部只好作出重大让步,在庭审上,仅要求 Google 提交同用户搜索相关的 5万个网址以及近 5 000 个搜索项,并承诺只对其中的 1 万个网址和 1 000 个搜索项进行研究。与最初的要求相比,司法部要求 Google 提供的信息量几乎缩小了 99.99%。而最终司法部连5 000 个搜索项的要求也被拒绝了。Google 的代理辩护律师尼科·翁在公司网站上发表声明称:"裁决表明,无论是政府机构,还是其他任何人,在要求互联网公司提交数据时都没有特权。"一些分析人士认为,裁决对于 Google 公司以及隐私权保护者而言是一个巨大的胜利,Google 的维权行动将给美国的因特网管理规范带来新的启示。不过,围绕因特网安全和公民隐私的争议并没有停止。

互联网的匿名性保护了用户的信息和网络使用安全,曾经网络上流行的一句话:"On the Internet, nobody knows you're a dog"(互联网上没有人知道你是一条狗,如图1-1所示)。这是针对网络的虚拟性、匿名性所作的颇有几分夸张的描述。网络确实改变了过去那种社会交往与控制的模式,给人们创造了前所未有的信息空间。然而我们也常常能在各种媒体里面了解到发生在互联网上的侵犯隐私的恶性事件。当前对用户的隐私威胁最大的不是用于跟踪用户的 Cookie、间谍软件和用户浏览行为分析网站,而是我们日常使用的搜索引擎。大部分搜索引擎在用户使用其服务时,都会记录用户的 IP 地址、搜索的关键词、从搜索结果中跳转到哪个网站等信息,通过数据挖掘等技术,搜索服务商可以从这些信息中获得用户的身份、用户的爱好以及在网上的行为等隐私信息,并可能使用这些隐私信息进行商业活动。也就是说,今天在网络上不仅有人知道你是一条狗,而且还知道你是一条猎犬还是一条牧羊狗。例如,2008年的央视 3·15 晚会揭露了一条重大消息:分众无线传媒技术有限公司(分众传媒子公司)掌握了中国 5 亿多手机用户中一半的手机用户信息。该公司对机主的信息进行详尽分类,精确到机主的性别、年龄、消费水平等,以"精确"发送垃圾短信,其中,仅郑州分众无线传媒技术有限公司的短信日发送量就达 2 亿条(仅仅一个企业,掌握了 2 亿多人的个人信息,如此令人骇然的现实印证了公众长期以来对个人信息保护的担忧)。无论是从 2008 年明星们的"艳照门",2009 年的"艾滋女"闫德利事件,还是 2010 年汽车模特的"兽兽门",一件件个人隐私信息被泄露后在网上掀起滔天巨浪的事件此起彼伏。而因这些信息泄露而遭到感情上的巨大创伤,更揭示出个人隐私被泄露传播已经成为一种专业化、规模化、商业化的运作,足以引起每个人的重视。

"On the Internet, nobody knows you're a dog."

图 1-1 互联网上没有人知道你是一条狗

例如,Netflix 是一种流行的在线电影租赁服务,为了提高电影推荐的准确性,最近公布了一份包含 50 万用户电影爱好程度的数据集[2]，他开放了匿名的评论以及打分的信息，但是有人把它跟国际电影数据库 IMDB 匹配，结果把一个有同性恋倾向的人识别了出来，被告了。

在美国马萨诸塞州，集体保险委员会（Group Insurance Commission，GIC）负责为州政府雇员购买健康保险。截止到 2002 年，GIC 已经收集到约 135 000 政府雇员及其家人的健康数据。由于这些数据被认为是匿名的，GIC 将这些数据的副本转给研究机构，并将另一份副本卖给商业公司。搜索引擎的查询日志可以进行用户行为分析，分析结果可以有效改进网络信息检索技术。但上述收集的数据包含大量用户敏感信息，如果数据发布者将这些原始数据直接进行发布，会泄露用户敏感信息及身份信息，如图 1-2 所示。

图 1-2　数据泄露与隐私保护

在网络所带来的隐私权问题当中，一个关键的问题就是有关个人数据的权利问题。所谓个人数据，是指用来标识个人基本情况的一组数据资料，如姓名、年龄、性别、地址、社保号、信用卡号、驾照号、手机号、出生年月、收入、职业、个人爱好、银行资料以及受法律法规保护的数据等。具体而言，个人数据主要包括标识个人基本情况、标识个人生活和工作经历等情况、与网络有关的个人信息。主要包括以下 4 个方面的信息。①个人登录的身份、健康状况。网络用户在申请上网开户、个人主页、免费邮箱以及申请服务商提供的其他服务（购物、医疗、交友等）时，服务商往往要求用户登录姓名、年龄、住址、居民身份证编号、工作单位等身份和健康状况，服务商有义务和责任保守个人秘密，未经授权不得泄露。②个人的信用和财产状况，包括信用卡、电子消费卡、上网卡、上网账号和密码、交易账号和密码等。个人在网上消费、交易时，登录和使用的各种信用卡、账号均属个人隐私，不得泄露。③邮箱地址。邮箱地址同样是个人隐私，用户大多数不愿将之公开。掌握、搜集用户的邮箱并将之公开或提供给他人，致使用户收到大量的广告邮件、垃圾邮件或遭受攻击而不能正常使用，使用户受到干扰，显然也侵犯了用户的隐私权。④网络活动踪迹。个人在网上的活动踪迹，如 IP 地址、浏览踪迹、活动内容，均属个人的隐私。

思考：实名制下的隐私如何保证？实名制，尤其是网络实名制，在虚拟网络世界里以真实身份存在，规范了言行，注重了责任，也增大了个人信息泄露的可能性。如存款实名制、火车票实名制、手机实名制、快递业实名制、微博实名制，可以有效降低因身份虚拟造成的欺诈等现象的发生概率，对于加强监管、保障安全具有明显的作用。同时，个人信息保护问题也成为公众关注的焦点。

1.2　研 究 意 义

随着信息技术的快速发展，社会正在收集大量数据（包括个人数据），这些数据无论对研究者、商业，还是对个人性化服务均有相当高的价值，如图 1-3 所示。因此这些数据的共享成为必然，但又给用户（个人、团体机构）的隐私泄露带来巨大的风险。我们的研究目标：最小化隐私泄露风险的同时，最大化数据的实用性。通过研究数据的隐私保护发布，具有以下几个方面的意义。此节主要侧重介绍面向大数据中个性化服务的隐私保护的研究意义。

（1）解决大数据中个性化服务（检索）的隐私保护问题

个性化服务（检索）为提升搜索引擎查询结果的高质量服务（QoS）提供了保障。以用户为中心的信息检索，需要收集和集成大量的用户资料/用户兴趣模式（User Profile，来自个人信息、个人兴趣和检索历史等），精确描述用户的个性特征和个性模型，研究用户的行为，理解他们的主要需求，根据这些需求改进和完善检索系统的组织和操作，向用户主动、及时、准确地提供所需信息，如 Google 和 Yahoo[3]。

然而，个性化服务（检索）面临着一个重要挑战：个性化数据隐私保护和信息安全。如何在成功进行高质量检索服务的同时保证隐私数据不被泄露是一个重要的课题。近几年隐私保护数据发布（Privacy-Preserving Data Publishing, PPDP）受到了广泛关注。隐私（Privacy）逐渐为人们熟知和关注。在前网络时代，隐私在法律、政府、组织、个人的多重保护下是相对安全的，而网络的出现，令现实社会中个人隐私权的有关问题延伸到了网络空间，由于网络社会的开放特征，使得个人隐私面临严重威胁。用户资料是网络公司最有价值的信息，因此，2010年，国内有 360 和 QQ 之战，国外有 Facebook，Google，Wikileak 的隐私争论。如何保护用户个人信息的绝对安全成为最受关注的问题。隐私保护数据发布已经成为一个新兴的、热门的研究领域[2]，并且针对不同的数据发布场景提出了许多方法。本研究将隐私保护技术应用于个性化 Web 检索中，具有重要的现实意义。

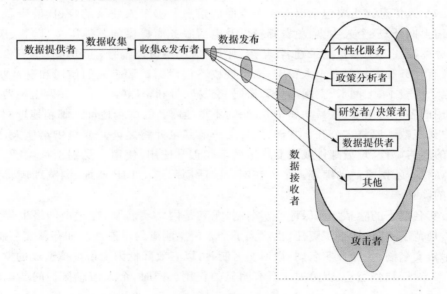

图 1-3　数据发布的意义

（2）有助于新一代搜索引擎的健康发展（有效地解决了搜索引擎带来的隐私威胁）

网络确实改变了过去那种社会交往与控制的模式，给人们创造了前所未有的信息空间。然而，我们也常常能在各种媒体里面了解发生在互联网上的侵犯隐私的恶性事件。当前对用户的隐私威胁最大的不是用于跟踪用户的 Cookie、间谍软件和用户浏览行为分析网站，而是我们日常使用的搜索引擎。大部分搜索引擎在用户使用其服务时，都会记录用户的 IP 地址、搜索的关键词和跳转链接等信息。搜索服务商通过数据挖掘等技术可以从这些信息中获得用户的身份、爱好以及网上行为等隐私信息，并可能使用这些隐私信息进行商业活动。也就是说，今天在网络上不仅有人知道你是一条狗，而且还知道你是一条猎犬还是一条牧羊狗，如图

1-4 所示。

　　搜索引擎在我们的网络活动中正扮演着越来越重要的角色。那么如何保护用户在使用搜索引擎服务时的隐私? 因此,结合隐私保护是成为个性化 Web 服务(检索)发展的一个必然趋势,其目的是研究新的算法或协议使得在不共享各方原始数据的情况下,进行高质量的信息检索。

图 1-4　互联网上总有人在监视

　　(3) 避免隐私泄露,挽回经济损失

　　网络隐私问题已成为社会各界关注的焦点,并严重威胁着网络社会与网络经济的健康发展。2010 年 8 月 21 日,中国计算机学会青年计算机科技论坛"互联网上的个人隐私泄露与保护"报告会在北京举行。国家网络信息安全技术研究所所长、国家计算机网络应急技术处理协调中心副总工程师杜跃进在报告会上作了"互联网数据窃取威胁"的主题演讲。利益的驱动使数据窃取形成产业链,我国面临着严重的网络安全问题。由于受巨额利润的驱使,黑客产业链正在形成,利用木马程序、僵尸网络盗取银行账号密码、游戏装备,窃取个人隐私等网络犯罪行为让人防不胜防。互联网数据窃取给我国造成了巨大的经济损失,据 2006 年统计,我国网络攻击地下产业链的产值超过 2.38 亿元,每年给中国大陆造成的经济损失至少 76 亿元,目前可能会超过千亿元。

　　数据泄露代价高昂。据波士顿咨询公司(Boston Consulting Group,BCG)的一项调查显示:隐私比成本、易用性和安全性等更为用户所关心。据木星通信公司估计,2002 年这种对网络隐私的担心造成了高达 180 亿美元的经济损失。

　　波尼蒙研究所(Ponemon Institute)近期(2012 年)的一项调查显示,机构每丢失一条信息,估计将蒙受平均 200 美元的损失;每遭受一次全面的数据泄露,平均损失将高达 680 万美元。但这还仅仅只是金钱上的损失,如果把因数据泄露而导致的公司竞争力消失、收益下滑、诉讼缠身、声誉受损等问题也考虑在内,那么实际代价将更加难以估量。

　　(4) 有助于防止国家机密的泄露

　　除了对个人隐私构成潜在威胁,个性化服务中对海量信息的搜集、存储、共享和挖掘在一定程度上还存在泄露国家机密、军事部署等核心安全信息的可能。攻击者利用个性化服务中所能搜集到的海量信息、个人用户信息和其他的一些数据信息,进行各种关联,可通过这些信息归纳出机密信息,例如,当前我国国防科研的目标和进展、大型国家上市公司的市场计划,甚至国家的军队部署等,从而对国家经济和国家机密造成极为严重的危害。因此,开展隐私保护技术研究对国家安全也具有重大意义。

(5) 有助于完善和推进信息安全技术发展

传统的信息安全技术(如身份认证、访问控制、加密、审计和入侵检测等)已经经过多年的发展,日趋成熟,对于数据挖掘过程中的隐私保护也是近些年学术界中研究的热点和焦点,在近年顶级的学术期刊和会议上均有不少相关工作发表,但针对个性化服务这一新兴而充满希望领域中的隐私保护技术研究还未真正展开,因此,研究隐私保护技术有助于完善和推进信息安全技术的发展。

(6) 为数据发布机构提供可靠的数据隐私保护技术

隐私是个人、团体或机构有权控制他们的信息何时、如何及何种程度被他人共享。检索可以被解释为代表一个人的意图和对信息的需求,并由此揭露出这个人的大量个人信息。例如,大多数用户对色情、谋杀等内容进行过搜索,这些搜索活动很容易被收集下来并有可能被公布,会引起搜索用户的疑虑,从而威胁到用户的隐私。

本项研究将完善隐私保护在数据中的应用,可以使数据机构更加快速、安全地发布数据,供社会团体、研究机构研究分析,由此增加数据利用价值,并且保证了用户的隐私不被泄露。解决了数据发布和分析过程中隐私泄露问题。通过对公开给外界的数据进行隐私保护,可以有效地将其中的敏感信息隐藏起来,最大限度地保护数据库中的个人隐私。发达国家越来越重视对社会网络数据中的个人信息的隐私保护,通过法规、标准手段加以保障,逐步形成了横跨立法、行政、司法的完整的信息安全管理体系。在美国,个人医疗记录属隐私,外人打听不到;学生的学习成绩也是隐私,老师不会将其公布。如果隐私被人侵犯,造成了精神或物质上的损害,美国人就会诉诸法律。这主要得益于美国与隐私保护相关的立法比较成熟。美国国会 1974 年通过了《隐私权法》,这是美国保障公民个人信息的最重要的基本法律。之后,又有《财务隐私权法》《联邦电子通信隐私权法》等不断补充进来。此外,美国各州还制定了一些保护本州公民隐私的细化法律。随着信息技术的发展,美国联邦政府以及各州也不断出台新法、"升级"老法,以保护公民隐私。

(7) 解决制约电子商务发展的最大障碍——网络隐私问题

2012 年,Check Point 软件技术有限公司和 YouGov 对 2 000 多位英国人的调查显示,因为过去 5 年里个人数据的不断被泄露和破坏,50% 的受访者表示降低了对政府和公共部门的信任,44% 的受访者表示降低了对私人企业的信任。Check Point 英国董事总经理 Terry Greer-King 指出:"公共和私人机构在过去 5 年中,数据泄露事件数量增长了十倍。因此,公众对机构处理数据安全的能力大失信任,而主动选择与未发生泄露的公司合作。这充分说明了机构保护敏感数据,防止数据落入他人之手的重要性",如图 1-5 所示。

网络隐私问题和缺乏信任是网上交易增长的最大障碍。互联网产业是建立在企业和消费者的互信互利的基础上,隐私是信任最重要的组成部分,除非 Web 组织可以有效地解决隐私问题,否则他们极有可能将失去消费者的信任,从而使交易大打折扣。用户对隐私的极大关注和对互联网行业发展的关心,致使我们一定要注意保护数据的隐私。

图 1-5 谁在查阅我的个人信息

1.3 国内外研究现状及发展动态分析

2001 年以来,隐私数据的发布得到重视和研究。2010 年,从 Facebook 到维基解密,再到基于 Google 街景的应用"I Can Stalk U",使在线数据隐私问题成为全民关注的热点。在一个最新的调查中[2],隐私保护数据发布绝大部分的工作都致力结构化或列表式数据。数据匿名的目标之一是设计一种隐私模型,如 k-anonymity、l-diversity、t-closeness、m-invariance 和 ε-differential 等模型,它们给出一个标准用于判断发布数据集(Published Dataset)是否提供了足够的隐私保护[4-15]。绝大多数实用模型都考虑攻击的具体类型(特定攻击)和假设攻击者有有限的背景知识。如 P. Samarati 和 L. Sweeney[4-6] 提出了 k-匿名模型(k-anonymity),它要求发布表中的每个元组都至少与其他 $k-1$ 个元组在准标识属性上完全相同,能防止身份暴露(常导致属性暴露)。A. Machanavajjhala 等[7]进一步提出了 l-多样化模型(l-diversity),它要求每个 QI 分组中至少包含 l 个不同的敏感属性取值,这一模型扩展了 k-匿名模型,对敏感属性的多样化提出了要求,并对敏感属性的多样化给出多种不同的解释。这一模型能防止直接的敏感属性泄露。Li Ninghui 等[8]提出的 t-接近模型(t-closeness),它要求每个等价类的敏感值的分布要接近于原始数据表中敏感属性的分布,这一模型能防止直接的敏感属性泄露。上述模型都是首先删除身份标识属性,然后对准标识属性进行概化。文献[10]证明最优的 k-匿名问题是 NP 难问题,由此引发人们设计出许多有效实现 k-匿名的启发式和近似算法[7,10,21]。同时,研究者们提出了若干关于 k-匿名的变异算法。G. Aggarwal 等利用聚类实现 k-匿名[9]。R. C. W. Wong 等[16]提出了 (σ, k)-匿名模型,它在 k-匿名模型的基础上,要求每个 QI 分组中每个敏感属性的取值频率不能超过给定的值 σ。Xiao Xiaokui[17]提出了一种个性化的匿名模型,在分析隐私泄露的概率时,他们区分了两种情况:一种称为主键场景,其中单一个体对应的元组不能超过一个;另一种称为非主键场景,其中单一个体可以对应任意多个元组。

许多模型假设存在两种类型的属性:准标识属性和敏感属性。Wang Ke 等[18]提出了一种属性同时含有敏感值和标识值的框架。以上隐私模型是针对特定攻击进行保护和假设攻击者有有限的背景知识而构建的,大量的算法是为了满足以上某一种模型而改变数据集。如概化、抑制(去除)、排列和扰乱等[10,20-24]。差分隐私(Differential Privacy)[19]是在任意知识背景下能保证隐私安全的观念下新兴起来的,但大部分工作仍停留在理论研究上。

然而,以上的研究工作都只考虑数据的一次发布。Wang Ke 和 B. C. M. Fung 最早对数据重发布可能存在的隐私泄露进行研究,并提出一种防止隐私泄露的方法[23]。但是,文献[23]假设数据表的全局准标识符是由多个数据发布版本的属性组合而成,即数据是"水平"更新的。

与[23]不同,文献[14,25,26]和本文则是考虑数据"垂直"更新环境下的重发布问题,即数据表的准标识符是固定的,而记录是随时间动态增加的。J. W. Byun 等提出了一种安全的匿名技术[25],但该技术在匿名新的数据发布版本时,需要考虑所有的历史发布版本,因而效率不高;Xiao Xiaohui 和 Tao Yufei 提出"m-不变性"的概化原则[14],其关键是引入伪概化技术来保证任何记录在不同数据发布版本中所在的 QI 组都具有相同的敏感属性值。最近,文献[26]提出一种单调递增匿名方式。然而,文献[14,26]的方法均不能避免出现隐私泄露。

最近,有不少工作基于数据集和事务处理数据而提出。特别是 G. Ghinita 等[27]定义了隐私等级 p,表示特定的敏感属性被关联的可能性为 p 的倒数$(1/p)$。Xu Yabo 等[28]提出了(h,k,p)一致性隐私模型,k 的倒数$(1/k)$代表了将一个人关联的可能性,h 代表与一个人关联的隐私项,p 代表了攻击者的能力。ERASE[29]是一个为了净化文档(以关键词集作为模拟)而提出来的系统,它需要一个将关键词和被保护敏感实体联系起来的外部知识数据库。M. Terrovitis 等[30,31]提出 k^m-anonymity 模型,并不区分敏感项和非敏感项,其中,k 的倒数代表与个人关联起来的可能性,m 代表攻击者的能力。但是,他们没有防止在个人与潜在敏感项之间的链接攻击。匿名的概化实现算法上有全局重编码和局部重编码两类。在全局重编码[4,5,20,32,33]中,每个准标识属性的取值要求概化到概念层次树的同一层次。但是全局重编码通常会过度概化,从而损失了更多的信息。局部重编码[5,36]放弃了这一要求,准标识属性的取值可以概化到不同层次。童云海等[34]分析了单一个体对应多个记录的情况,提出一种保持身份标识属性的匿名方法,取得了一定的成果,保持隐私的同时进一步提高了信息有效性。

最近也有少数工作专注于查询日志匿名化研究[35-39]。R. Kumar 和 R. Jones 等[40,41]已经证明了基于哈希和简单绑定匿名方案的无效性或者隐私风险;A. Korolova 等[36]提供了一种基于差分隐私保护的匿名方法,但是匿名数据的效用有限。Hong Yuan 等[38]定义了 k^δ-anonymity 模型,处理了稀疏查询关键词的问题,但是不能防止对个人和潜在敏感查询之间的连接攻击。P. kodeswaran 等人[39]将差分隐私和查询日志应用于交互的查询框架(PINQ)中,但是当在一定的查询上示范其有效性时,它并不清楚在个性化网络搜索中的互动机制是如何运作的。周水庚等[42]对部分隐私保护技术的基本原理、特点进行了阐述,重点指出了基于数据匿名化的隐私保护技术是当前该领域的研究热点,并指出了隐私保护技术的未来发展方向。Xu Yabo[43]将单一用户资料按照层次化结构组织,以达到隐私保护的目的,同时证明了检索性能的一个重大提升可以通过共享层次的用户资料信息实现,但是仅对单一用户资料进行处理,隐私保护程度是有限的。李太勇等[44]提出一种通过两次聚类实现 k-2 匿名的隐私保护方法。杨晓春等[45]提出了针对多敏感属性隐私数据发布的多维桶分组技术。

本研究可以解决隐私保护数据发布(PPDP)领域的区分敏感词与非敏感词、单一敏感词与多敏感词问题,同时,对隐私保护数据发布技术研究与个性化服务研究,具有方法论上的参考价值。

1.4 隐私保护研究目标

存储、处理和通信技术的快速发展正在改变着被私有企业和公共机构所采纳的信息系统结构。有两个重要的原因说明这个改变是必要的。首先,由于正在扩增的存储能力、现代设备的计算能力和组织机构掌握的信息量正在快速增长。其次,被组织机构搜集的数据包含着敏感信息(如信用信息、财务数据、健康诊断、网络行为),这些信息是机密的,需要被保护。

因此,仅靠现有法律规范来约束是远远不够的,必须采用必要的技术手段来解决隐私保护问题,怎样处理原始数据可以使它有效地避免隐私攻击,同时依旧支持有效的数据实用性,是一个值得认真研究的问题。

隐私保护研究的目标:解决实时数据发布中用户隐私保护和保证数据的可用性之间的矛盾,找到行之有效的发布方法。具体地说,数据发布中隐私保护主要考虑以下两点:①保证数据发布过程中不泄露个人的隐私信息;②保证数据发布过程中数据的效用。

如何平衡隐私保护和数据可用性程度之间的矛盾是数据发布中隐私保护研究的一个主要问题。力争达到以下四方面的目标。

(1) 技术方面(理论和应用)

① 设计隐私保护原则、体系结构、隐私保护模型和算法以便更好平衡数据隐秘性和实用性。

② 隐私保护研究目标是寻找隐私和多个相互竞争的利益之间的一个平衡过程,即安全是平衡的艺术。

一个人的私隐权益可能与自己的一些其他利益冲突(如隐私保护不利于获取信贷或卫生保健质量),如何平衡多个利益之间的关系。

一个人的私隐权益可能与另一人的隐私利益冲突(如卫生保健信息涉及一个家庭的多个成员)。

一个人的私隐权益可能与一个组织的利益发生冲突(如债权人、保险公司等)。

③ 技术方面的应用目标:实现面向静态数据和实时数据发布的自适应隐私保护系统。

(2) 法律法规方面

研讨与个人隐私保护相关的政策法规框架的建立,提出关于隐私保护的法律法规方面的建议。

(3) 管理方面

研讨管理层面的网络隐私保护策略。

(4) 个人方面

研讨个人层面的网络隐私保护策略和防范方法。

1.5　研　究　内　容

本文主要讨论面向数据的隐私保护,考虑如何保护存储在数据中的个人隐私信息的同时,保障或提高数据的实用性。从隐私保护的技术角度看,当前隐私保护可分为自由访问型隐私保护和受限访问型隐私保护,如图 1-6、图 1-7 所示。

自由访问型(Access-Free Type)隐私保护,也就是数据的开放是数据(即服务(data as a service)),主要基于统计数据库安全保护技术,其隐私保护的数据发布技术可分为微数据发布和表数据发布,本文将深入研究其实现策略和模型。微数据是一条表达和描述个体信息记录的集合,基本包含所有原始调查数据信息。表数据是通过对收集的原始数据进行相应的统计处理之后形成的非原始性的统计计数的结果,属于传统的数据。微数据发布和表数据发布的联系:微数据是表数据的基础,表数据是对微数据的一种聚合,因此它包含的信息量远小于原始数据。表数据的发布远远不能满足统计机构等科研机构的需求,因此发布这些微数据可以弥补仅发布统计或者宏观信息的不足,提供更细致、更准确的信息,将给数据分享、分析研究工作和政策制定带来诸多方便。如果将微数据不经处理就直接进行发布将会对数据来源个体造成隐私泄露,因此微数据的处理对数据发布环境下的隐私保护具有重要的意义。

受限访问型(Access-Restricted Type)隐私保护主要基于成熟的传统访问控制模型和策略,考虑隐私保护的需求及其实现。主要利用传统的信息安全技术防止未授权者的访问,从而保护信息和信息系统,详见第 6 章中的其他技术。

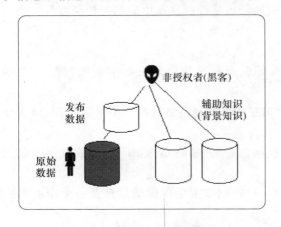

图 1-6　自由访问型隐私保护

图 1-7　受限访问型隐私保护

针对自由访问型数据隐私泄露的现状,隐私保护数据发布场景中的角色主要包括 4 个(如图 1-8 所示):数据提供者(如 Mike、Susan、Perle)、数据收集者(如原始数据收集者)、数据发布者(如第三方发布者)、数据接收者(包括数据研究者、数据分析者、数据提供者、数据窥探者(Snooper))。其中,窥探者通常指攻击者、入侵者、黑客、不怀好意的人(Attacker、Intruder、Hacker、Adversary)。另外,数据收集者可以兼数据发布者。

一般情况下假设数据发布者可信任,但其不知道接收方是谁,也不清楚接收方如何使用数据,所以只在数据发布阶段考虑隐私保护问题。因此主要研究内容包括:

① 介绍数据发布中隐私保护(PPDP)的研究背景、相关概念和意义;

② 介绍并总结攻击的类型(记录链接攻击、属性链接攻击、表链接攻击和概率攻击)以及针对攻击类型的相应隐私保护模型,并分析各模型的优点和缺点,提出并实现基于 k-匿名的个性化隐私保护方法研究;

③ 常用的隐私保护技术有泛化、抑制、置换、扰动等;

④ 设计隐私保护原则、体系结构、隐私保护模型和算法;

⑤ 信息度量/评估标准和常用算法;

⑥ 基于隐私保护技术的应用,如面向大数据中个性化检索的隐私保护研究,基于 k-匿名的个性化隐私保护方法研究;

⑦ 隐私保护机制的模式(交互和非交互式/interactive and non-interactive);

⑧ 网络时代,隐私、骚扰、实名,如何解决?

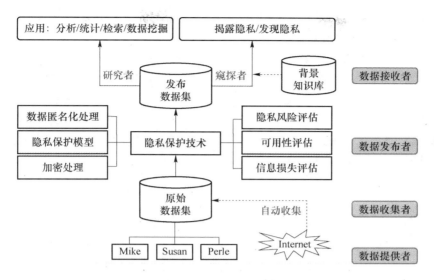

图 1-8　隐私保护数据发布框架

1.6　本　书　结　构

本文围绕隐私保护数据发布(PPDP)的几个关键技术:隐私保护模型、匿名技术基于隐私保护技术的应用、信息度量标准与算法、网络隐私保护的策略等问题展开研究,论文的组织及各部分之间的关系如图 1-9 所示,具体的安排如下所示。

第 1 章　绪论(建议 2 学时)。介绍了课题的研究背景和意义,指出了现存隐私保护数据发布(PPDP)中的主要技术、存在的主要问题、本文的主要研究内容和课题研究的新颖性与前沿性。同时,介绍了本文的主要研究资源和论文的组织。

第 2 章　隐私保护的理论基础(建议 2 学时)。介绍了隐私保护的相关概念、分类、发展历史、隐私泄露的表现形式、信息度量和隐私保护原则等相关知识。

第 3 章　隐私保护常用技术与隐私攻击模型(建议 4 学时)。介绍隐私保护的常用技术、隐私攻击模型和隐私保护机制的两种模式。隐私保护的常用技术主要包括匿名处理(删除标识符)、概化/归纳、抑制、取样、微聚集、扰动/随机、四舍五入、数据交换、加密、Recording、位置变换和映射变换等。隐私攻击模型主要包括记录链接攻击、属性链接攻击、表链接攻击和概率攻击。隐私保护机制的两种模式包括交互模式和非交互式模式。

第 4 章　隐私保护技术-匿名技术(建议 5 学时)。介绍了隐私保护技术中的匿名技术,主要包括匿名技术的概念、实现匿名的主要方法、经典的 k-匿名隐私保护策略、k-匿名技术的扩展和 k-匿名的应用;并在附录 B-1 部分补充了本章相关的几种算法,在附录 B-2 中展示了一个实现 k-匿名的框架,方便初学者理解 k-匿名的原理。

第 5 章　隐私保护技术-差分隐私技术(建议 5 学时)。主要介绍了差分隐私保护技术的思想渊源、相关定义、性质、实现技术和应用。

第 6 章　其他技术(建议 4 学时)。本章主要介绍隐私保护的随机化技术、安全多方计算技术和访问控制技术 3 种方法。

第 7 章　基于隐私保护技术的应用(建议 4 学时)。介绍了隐私保护技术在查询日志发布系统中的应用、电子商务数据发布中的应用。

第 8 章　动态数据的隐私保护(建议 2 学时)。本章重点介绍了动态数据的隐私保护技术的基础知识、国内外研究现状及发展动态,并提出基于差分隐私的动态数据的发布方法。

第 9 章　网络隐私保护策略(建议 2 学时)。本章介绍了网络隐私保护的策略,我国网络隐私保护策略及存在的问题。从法律法规方面,研讨了个人隐私保护相关的政策法规框架,提出关于隐私保护的法律法规方面的建议;从管理方面研讨了管理层面的网络隐私保护策略;从个人方面,研讨了个人层面的网络隐私保护策略和防范方法。

第 10 章　总结与展望(建议 2 学时)。本章重点对本书的研究工作进行总结,并讨论了隐私保护面临的挑战。

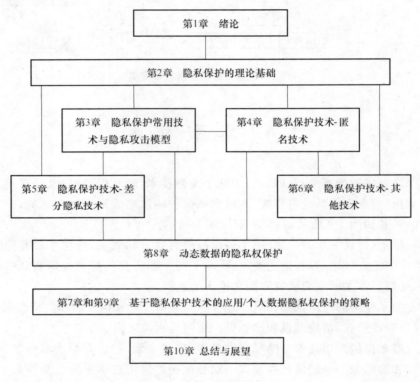

图 1-9　章节组织及其关系

第 2 章　隐私保护的理论基础

隐私保护是一个多领域交叉的研究和技术含量很高的网络应用领域,所涉及的技术主要包括信息论、控制论、系统论、博弈论、管理学、数学、计算机安全、数据库系统、信息检索、数据挖掘、密码学、统计学、分布式处理和社会科学等,所以具有挑战性。伴随着互联网的普及和网上信息的爆炸式增长,它越来越引起人们的重视。本章重点介绍隐私保护的相关概念、分类、发展历史,隐私泄露的表现形式,信息度量和隐私保护原则等相关知识。

2.1　隐私的定义与分类

隐私已经深深植根于历史,圣经中多次提到了隐私权[46]。隐私,顾名思义,隐蔽、不公开的私事。在汉语中,"隐"字的主要含义是隐避、隐藏;"私"字的主要含义是个人的、自己的,秘密、不公开。在《现代汉语词典》中,"隐私"词条的解释是"不愿告人的或不愿公开的个人的事",这个字面上的解释给出了隐私的保密性以及个人相关这两个基本属性。此外,哥伦比亚大学的 Alan Westin 教授指出:隐私是个人能够决定何时、以何种方式和在何等程度上将个人信息公开给他人的权利,这个说明又给出了隐私能够被所有者处理的属性。结合以上 3 个属性,定义本论文中的隐私概念如下。

定义 2.1　隐私是与个人相关的具有不被他人搜集、保留和处分的权利的信息资料集合,并且它能够按照所有者的意愿在特定时间、以特定方式、在特定程度上被公开,如医疗病史、信用信息、消费记录、薪水记录、网络行为等。

定义 2.2　隐私权是一项基本人权,在联合国人权宣言,公民权利和政治权利国际公约及其他许多国际和地区条约中被承认,指自然人享有的私人生活安宁与私人信息秘密依法受到保护,不被他人非法侵扰、知悉、收集、利用和公开的一种人格权,如图 2-1 所示。

图 2-1　非法收集隐私

隐私权的主体[47]应为自然人,不包括法人。隐私权的宗旨是保持人的心情舒畅、维护人格尊严,而且,隐私权是一种人格权,是存在于权利人自身人格上的权利,亦即以权利人自身的人格利益为标的之权利。人格权最明显特征在于其非财产性,企业法人的秘密则是与企业法人的经济利益相挂钩,是企业的一种财产。同

13

时，隐私权受到侵犯后，构成一种人格伤害、内心的不安，而企业法人的秘密受到侵犯后会构成企业经济利益的损失。法人虽然也有秘密，但属于商业秘密范畴，用《反对不正当竞争法》来保护。从逻辑上说，死者不应享有隐私权，但法律应对死者生前的隐私权继续给予保护。

隐私权的客体是隐私。对隐私的界定，由于民族文化、人们生活习惯的差异，1995 年 10 月，美国商务部电讯与信息管理局发布的关于隐私与信息高速公路建设的白皮书中认为隐私权至少包括以下 9 个方面：①关于私有财产的隐私；②关于姓名与形象利益的隐私；③关于自己之事不为他人干涉之隐私；④关于一个组织或事业内部事务的隐私；⑤关于某些场合不便露面的隐私；⑥关于尊重他人不透露其个人信息之隐私；⑦关于性生活及其他私生活之隐私；⑧关于不被他人监之要求的隐私；⑨私人相对于官员的隐私。由此可见，在现行美国法律体系中，隐私已涵盖了个人及个人生活的几乎所有环节，同时也将涉及社会生活的所有领域，已成为现代社会保护个人利益之最全面、最有力的"借口"和"手段"。如在美国正规面试求职时，除了明文规定的职业和岗位外，一般按法律规定是不允许询问求职者的诸如移民身份、个人婚姻、家庭状况以及身份健康状况之类所谓"隐私"问题的，以防种种"歧视"发生。如图 2-2 所示，在美国很多地方标示：RESPECT PRIVATE PROPERTY，是对个人财产的保护。

图 2-2　私有财产的隐私

在中国现行法律中，只有《侵权责任法》第二条讲民事权益范围中包括了隐私权，根据中国国情及国外有关资料，下列行为可归入侵犯隐私权范畴：①未经公民许可，公开其姓名、肖像、住址和电话号码；②非法侵入、搜查他人住宅，或以其他方式破坏他人居住安宁；③非法跟踪他人，监视他人住所，安装窃听设备，私拍他人私生活镜头，窥探他人室内情况；④非法刺探他人财产状况或未经本人允许公布其财产状况；⑤私拆他人信件，偷看他人日记，刺探他人私人文件内容，以及将它们公开；⑥调查、刺探他人社会关系并非法公之于众；⑦干扰他人夫妻性生活或对其进行调查、公布；⑧将他人婚外性生活向社会公布；⑨泄露公民的个人材料或公之于众或扩大公开范围；⑩收集公民不愿向社会公开的纯属个人的情况。

隐私权的特征有：隐私权的主体只能是自然人，隐私权的内容具有真实性和隐秘性，隐私权的保护范围受公共利益的限制,隐私权被曝光的案例如图 2-3 所示。

图 2-3　隐私权

定义 2.3　网络隐私是集社会、法律、技术为一体的综合性概念。一般地,网络隐私是指网络用户(个人、团体或机构)有权控制自己的信息何时、如何及何种程度被他人共享的权利,即用户拥有个人数据的控制权、访问权和所有权。

根据这一定义,与互联网用户个人相关的各种信息,包括性别、年龄、收入、婚否、住址、电子信箱地址、浏览网页记录等,在未经信息所有者许可的情况下,都不应当被各类搜索引擎、门户网站、购物网站、博客等在线服务商获得。而在有必要获取部分用户信息以提供更好的用户体验的情形中,在线服务商必须告知用户以及获得用户的许可,并且严格按照用户许可的使用时间、使用目的来利用这些信息,同也有义务确保这些信息的安全。

早在 1890 年,Samuel Warren 等将隐私定义为保持个人独处的权利;后来,Ferdinand Schoeman 将隐私定义为个人决定和控制自己的信息被他人共享和使用的权利。最早涉及保护个人隐私的立法是 1948 年的《人权世界宣言》,由此可见,隐私是一个社会、文化、法律概念。20 世纪 80 年代,随着 Internet 所带来的信息革命,人们在网上的活动越来越多,如网上浏览查询、聊天、购物、学习、收发邮件等。在这些网上活动中,将涉及大量的个人隐私信息,于是隐私概念又增添了技术的内涵,从而产生了网络隐私概念。

定义 2.4　网络隐私权,根据中国法学界的定义,是指公民在网络中享有的个人信息、网上个人活动依法受到保护,不被他人非法侵犯、知悉、搜集、复制、公开、传播和利用的一种人格权。也指禁止在网上泄露某些与个人有关的敏感信息,包括事实、图像,以及毁损的意见等。也有人认为,网络隐私权是指在互联网中,任何人对自己的个人数据依法享有不受他人侵犯、非法使用和支配的权利。由于国外立法多将网络隐私权纳入到个人资料隐私权的范畴加以保护,所以现代网络隐私权的概念主要属于个人资料隐私权的范畴,对网络隐私权的保护也主要是对网上个人资料进行保护。

几乎世界上每个国家都承认一个明确的隐私权的宪法。至少,这些规定包括对家庭和通信秘密不受侵犯的权利。如南非和匈牙利最近写的宪法权利,包括具体的访问和控制自己的个人信息。

在 20 世纪 70 年代初,国家开始采取旨在保护个人隐私的广泛法律。纵观世界,有一个朝着全面的隐私保护法律框架发展的趋势。这些法律大多是根据经济合作与发展组织,欧洲委员会提出的模型。

1995 年,对侵犯公民的数据隐私,在每一个国家保护水平差异都很大的情况下,欧盟通过了一项欧洲范围内的指令,将提供更广泛的保护。

网络隐私权的内容是学术界讨论最多的也是最重要的问题之一。具体来说主要包括以下内容。

① 知情权,用户有权知道网站收集了关于自己的哪些信息,这些信息将用于什么目的,以及该信息会与何人分享。

② 选择权,网络用户对个人资料的使用用途拥有选择权。

③ 合理的访问权限,用户能够通过合理的途径访问个人资料并修改错误的信息或删改数据,以保证个人信息资料的准确与完整。

④ 安全请求权,网络公司应该保证用户信息的安全性,阻止未被授权的非法访问。

⑤ 赔偿请求权,网站利用个人信息资料侵犯用户隐私权时,用户有权要求网站经营者承担相应责任,造成损失时有权要求赔偿。

⑥ 信息控制权,即用户有权决定是否允许他人收集或使用自己的信息的权利。

⑦ 请求司法救济权,即用户针对任何机构或个人侵犯自己信息隐私权的行为,有权提起民事诉讼。

隐私分类[48]:从隐私的种类来看,可以将隐私分为信息隐私、身体隐私、通信隐私、领域隐私。网络环境中,最容易受到侵犯的隐私是信息隐私权与通信隐私权(又称为网络隐私权或个人数据隐私权),对其侵害的特征是对个人数据信息的非法收集、利用或篡改、窃取。

(1) 信息隐私,包括收集和处理个人信息的规章制度,如医疗记录、信誉信息、财产状况。信息隐私权保护的客体又可分为以下3个方面。

① 个人属性的隐私权,如一个人的姓名、身份、肖像、声音等,由于其直接涉及个人领域的第一层次,可谓是"直接"的个人属性,为隐私权保护的首要对象。

② 个人资料的隐私权,当个人属性被抽象成文字的描述或记录,如个人的消费习惯、病历、宗教信仰、财务资料、工作、犯罪前科等记录,若其涉及的客体为一个人,则这种资料即含有高度的个人特性而常能辨识该个人的本体,可以说"间接"的个人属性也应以隐私权加以保护。

③ 匿名的隐私权,匿名发表在历史上一直都扮演着重要的角色,这种方式可以保障人们愿意对于社会制度提出一些批评。这种匿名权利的适度许可,可以鼓励个人的参与感,并保护其自由创造力空间;而就群体而言,也常能由此获利,真知直谏的结果,是推动社会的整体进步。

(2) 身体隐私,包括身体缺陷、健康状况、女性三围、绝育手术、前脑叶白质切除手术、未同意的输血、性习惯、政治活动、宗教信仰、婚姻、生育、避孕、家庭关系、子女抚养等,关系到人民的身体自我保护,反对诸如药物测试和腔搜查侵入性手术。

(3) 通信隐私,其中包括安全和邮件、电话、电子邮件及其他形式的通信隐私。个人的思想与感情,原本存于内心之中,别人不可能知道。当与外界通过电子通信媒介如网络、电子邮件沟通时,即充分暴露于他人的窥探之下,所以通信内容应加以保护,以保护个人人格的完整发展。

(4) 领域隐私,它涉及家庭和其他环境,同时也包括个人隐私部位,如人体生殖器官和性敏感器官等,如在居室、工作场所或公共空间的设置的入侵。

2.2 隐私保护的发展历史和相关标准

在数据挖掘领域,隐私分成两类:一类是指原始数据本身具有的隐私,另一类指原始数据所隐含的知识。

2.2.1　国际数据隐私保护的发展史和标准(法律)

隐私权的概念最早在 1890 年,由美国最高法院法官路易斯·布兰蒂斯(Louis Brandeis)提出来,他认为,隐私是一个民主国家中最珍视的自由,他认为隐私权应该在宪法中反映出来[49]。直到 1974 年美国才正式制定了《隐私权法》,令其在保护隐私的意识与采取措施方面都走在了世界前列。剥夺隐私权的例子如图 2-4 所示。

图 2-4　谁来保护我的隐私权

1890 年,美国的两位法学家路易斯·布兰蒂斯和塞缪尔·沃伦(Samuel Warren)在哈佛大学《法学评论》上发表了一篇题为《隐私权》(The Right to Privacy)的文章,并在该文中使用了"隐私权"一词,将隐私定义为"不受干扰的权利"(right to be left alone)。保护隐私权的法律制度最早是在美国建立起来的。美国先后于 1970 年制定了《公开签账账单法》。1974 年制定了《隐私权法》(Privacy Act)《家庭教育及隐私权法》《财务隐私权法》等[50]。1986 年颁布的《电子通信隐私法》(Electronic Communications Privacy Act,ECPA)规定执法部门只有在经由法院许可的情况下才能够要求电子通信提供商提供存储的信息,它是当前有关保护网络上的个人信息最全面的一部数据保护立法。1998 年,美国商务部发表了《有效保护隐私权的自律规范》(Elements of Effective Self Regulation for Protection of Privacy),要求美国网站从业者必须制定保护网络上个人资料与隐私权的自律规约。1999 年颁布的《金融服务现代化法案》(Financial Services Modernization Act of 1999),它包括金融秘密规则、安全维护规则和借口防备规定三部分。2000 年 4 月 21 日,《儿童在线隐私保护法案》(Children's Online Privacy Protection Act)生效,旨在保护 13 岁以下儿童的隐私。这一法案要求任何人在搜集或使用儿童的隐私信息时必须要经过儿童父母的许可。这一法案特别针对直接面向儿童的商业网站和在线服务的网站,指出提供电子邮件账号,保留被注册的电子地址记录和相关信息的运营者,都被本法认为是收集电子地址的行为,都需要通知其父母并获得许可。2012 年 2 月,美国政府公布了《消费者隐私权利法案》,数周后,美国联邦贸易委员会(FTC)发布了有关消费者隐私权利保护的最终报告。

另外,美国人口调查隐私保护的历史如图 2-5 所示。

1910 年美国总统 Taft 签署法令保护人口普查数据(Statement by President Taft 1910 for protecting census data)。

1929 年有了人口普查法案(1929 Census Act)。

2001 年 10 月 26 日美国总统——乔治·布什——签署颁布了美国爱国者法案(USA PATRIOT Act),其正式的名称为"Uniting and Strengthening America by Providing Appropriate Tools Required to Intercept and Obstruct Terrorism

图 2-5　保护人口调查隐私

Act of 2001"，根据法案的内容，警察机关有权搜索电话、电子邮件通讯、医疗、财务和其他种类的记录；这个法案也延伸了恐怖主义的定义，包括国内恐怖主义，扩大了警察机关可管理的活动范围。

其他国家在立法中保护隐私权的情况。

联合国大会 1948 年通过的《世界人权宣言》第 12 条规定："任何人的私生活、家庭、住宅和通信不得任意干涉，他的荣誉和名誉不得加以攻击。"这是最早涉及保护个人隐私的立法，由此可见，隐私是一个社会、文化、法律概念。1966 年联合国大会通过的《公民权利和政治权利国际公约》第 17 条也规定："刑事审判应该公开进行，但为了保护个人隐私，可以不公开审判。"

在法国，1978 年通过了一项有关资料处理的法律规定：资料的处理不得损害个人身份、私人生活以及个人和公众的自由。在德国，二战以后，因为新宪法确立了一般人格权，从而隐私权也逐渐确立了其地位。德国一般采取判例的形式保护隐私权，其主要法律依据是民法典第 12 条、第 823 条、第 824 条、第 825 条和宪法第 1 条、第 2 条。此外也制定了一些单行法规，如 1977 年颁布的《联邦数据保护法》等。

1980 年经合组织颁布《隐私保护管理指导方针》，为其成员国的个人数据隐私保护确立了基本原则。

1980 年，L. H. Cox 最先提出用匿名的方法实现隐私保护，随后在 1986 年，T. Dalenius 针对人口普查记录集的隐私保护应用了匿名技术。但是，2002 年，L. Sweeney 在研究中发现，通过链接攻击仍然能使隐私泄露。为了避免受到隐私攻击，学者们提出了隐私保护模型作为指导发布者进行数据发布的原则。在众多隐私保护模型中比较典型和常用是 k-anonymity、l-diversity 和 t-closeness。其中，k-anonymity 是最早提出的隐私保护模型，随后很多模型受到其思想启发而提出。

澳大利亚 1988 年颁布的《隐私法》（Privacy Act）是关于在联邦公共部门和私人部门中保护个人信息的主要法规。《隐私法》为联邦公共部门制定了 11 条《信息隐私原则》，为私人部门组织制定了 10 条《国民隐私原则》。这些隐私原则涉及个人信息处理过程中的所有阶段，针对个人信息的收集、使用、披露，以及信息的性质和安全性的判定提出了具体的标准。此外，这些原则还对有关人员查阅、更改个人信息做出了具体的规定。该法要求搜集个人信息必须在法律的许可下，并且搜集信息的目的应当与搜集直接相关，不得通过非法和不公正的手段搜集个人信息。

加拿大 1982 年制定的《获得信息法》（Access to Information Act）是向公众开放的政府掌管数据的法律约束性文件，其中规定加拿大公民以及加拿大永久居民均可获得包含公民个人隐私信息的数据，但须在隐私法的许可范围之内，凡是在隐私法中受到保护的个人信息，均不能被获取。《个人信息保护和电子文档法》（The Personal Information Protection and Electronic Documents Act）是加拿大从 2001 年开始实行的个人信息保护法律，是基于当前这个技术高速发展、信息交流越来越便利的时代背景，为了尊重个人隐私权，在任何组织和个人搜集、使用、揭露个人信息时必须具备充分的合理理由以及获得个人许可，除非处于事关个人生命健康和安全的紧急状态。[52]

1995 年，欧盟颁布《欧盟个人数据保护指令》，1998 年生效，旨在为标准化数据隐私的保护。这一法律禁止一些消费者数据转向没有采用同样严格数据保护法律国家的企业。同年 10 月，欧盟理事会就隐私保护问题颁布了《关于个人数据处理和个人数据自由转移的个人保护条例》，该《条例》适用于任何形式的数据和信息处理，而不仅仅数用于电子商务领域。与此同时欧盟还通过了《个人数据保护指令》,规定欧盟各国必须根据该指令调整或制定本国的个人数据保护法。在数据挖掘领域,隐私分成两类,一类是指原始数据本身具有的隐私,另一类指原始数据所隐含的知识。

1997 年,德国联邦议院通过《信息和通信服务法》(IUKDG,1997),这一法律包含《通讯服务数据保护法》(TDDSG,1997),用来处理电讯业所使用的个人数据保护[53]。

1998 年,英国政府颁布了《数据保护法》(DPA,1998)。该法令于 2000 年 3 月生效,通过增加了对手动和电子数据记录的保护而扩展了 1984 年的法律,并且赋予"数据保护委员会"以强大的权力监督法律的实施。其另一部分是对个人权利的加强。

2000 年 12 月,美国商业部跟欧洲联盟建立安全港(Safe Harbor)协议。安全港协议要求:收集个人数据的企业必须通知个人其数据被收集,并告知他们将对数据所进行的处理,企业必须得到允许才能把信息传递给第三方,必须允许个人访问被收集的数据,并保证数据的真实性和安全性以及采取措施保证这些条款得到遵从。[54]

除了以上提及的公民隐私保护法案,还有众多国家颁布了相关法律,如表 2-1 所示[52-57]。

表 2-1　其他国家的隐私数据保护法案

国　家	法律、颁布时间
匈牙利	《个人信息保护法案》(LXIII),1992 年
挪威	《个人数据法》,2000 年
意大利	《数据保护法》,1996 年
瑞典	《个人数据保护法》,1998 年
英国	《数据保护法》,1998 年
西班牙	《个人数据保护法》,1999 年
日本	《个人信息保护法》,2003 年;《有关行政机关电子计算机自动化处理个人信息保护法》,2007 年
俄罗斯	《联邦信息、信息化和信息保护法》,1995 年
加拿大	《隐私法》,1983 年;《个人信息保护与电子文件法》,2000 年
澳大利亚	《隐私法》,1998 年
南非	《信息公开促进法》,2000 年

隐私保护的其他技术标准[58]。

(1) 2001 年 9 月成立的 IBM 隐私研究院(Privacy Research Institute),一直致力电子商务中的隐私数据保护研究工作,提出了企业隐私授权语言(Enterprise Privacy Authorization Language,EPAL)用于抽象数据模型关系定义隐私策略。IBM 开发的 DB2 Anonymous Resolution 是一款数据隐私保护软件,可以让企业用户放心地一起合作而不必担心泄露了彼此不该泄露的数据。

(2) P3P(Platform for Privacy Preferences)是万维网联盟宣布的一种技术软件,可以在网络服务商和用户之间就个人数据隐私权的保护达成一种电子协定,用户无须一个屏幕接着一个屏幕地阅读有关隐私的政策。倡导制定了一种用于代理使用的隐私偏好交换语言(P3P Preference Exchange Language,APPEL),目标是使一般 Web 站点可以基于一种标准格式智能地抽取和解释隐私信息。然而 P3P 对这些站点是否按照他们隐私政策声明的细节进一步执行并未提供相应保证。全球因特网站的前 100 强中已有 40% 在使用或计划使用 P3P 技术,该技术也受到了部分学者的推荐。

（3）伯克利大学（Berkeley University）的 Ubicomp Privacy Research Group 主要开展普适计算环境中的隐私保护研究,并已基本建立了与隐私保护有关的技术体系。其成员针对分布式协同过滤应用,提出了基于同构加密和概率模型的隐私保护方法,为个性化服务应用领域的隐私保护研究带来了一定启示。

（4）斯坦福大学（Standford University）的 Information Privacy Group 的研究重点在于数据库的数据挖掘和隐私保护方面,并与耶鲁大学（Yale University）、Microsoft Research 等合作开展了著名的 PORTIA 项目。

（5）TRUSTe 隐私计划的各种项目涉及监督施行网站和电子邮件隐私政策,遵循了许多政府和业界的有关准则。然而总体来说,对于兴趣隐式挖掘过程中的隐私保护问题,并未有合适的解决方案。

美国 GFI 公司开发的 EndPointSecurity 和德国 SmartLine 公司开发的 DeviceLock 两款软件可以管理用户的 USB 接口,防止他人利用移动存储工具,如 U 盘、数码相机等非法复制隐私数据资料。BurntCookies、Cookie Cop、Cookies Crusher 等软件可以避免用户接受网站的Cookie,可以清除来自 Cookies 的追踪记录,以确保用户的安全,同时又不影响对网站的使用。

Google、Yahoo、Microsoft 和 IBM 等都已经开始尝试将隐私保护研究领域的阶段性成果商业化,如 Google Health、Connect with Facebook 等。

总之,世界各国对数据隐私保护的策略各不相同。欧洲联盟、美国以及其他国家相继制定了隐私限定法律。逐渐有研究组织和机构开始重视隐私保护问题,并在不同应用领域奠定了一定的技术基础,代表性的有:欧盟相继制定并通过了《欧盟数据保护指令》《信息和通信服务法》《数据保护法》《信息和通信服务法》《私有数据保密法》《互联网上个人隐私权保护的一般原则》《关于互联网上软件、硬件进行的不可见的和自动化的个人数据处理的建议》《信息公路上个人数据收集、处理过程中个人权利保护指南》等相关法律法规;美国颁布了一系列保护隐私权的法律法规,有《隐私权法》《金融隐私权法》《家庭教育权和隐私权法》《联邦电子通讯隐私权保护法案》《网上儿童隐私保护法》《全球电子商务发展框架》。由此可见,国外对数据隐私的保护给予了相当的重视,希望可以通过立法来打击数据隐私侵害行为。

2.2.2　国内数据隐私保护的发展史和标准（法律）

我国台湾省 1985 年颁布了《电脑处理个人资料保护法》,我国香港特别行政区 1996 年实行了《个人资料（私隐）条例》,我国澳门特别行政区也颁布了《澳门通讯保密及隐私保护》这一法律。

我国大陆在网络隐私权的保护上更显苍白。1988 年,最高人民法院在《关于贯彻执行〈中华人民共和国民法通则〉若干问题的意见（试行）》中,采取变通的方法,规定对侵害他人隐私权造成名誉权损害的,认定为侵害名誉权,追究民事责任。[59]

1997 年 12 月 8 日,国务院信息化工作领导小组审定通过的《计算机信息网络　国际联网管理暂行规定实施办法》第 18 条规定:"不得在网络上散发恶意信息,冒用他人名义发出信息,侵犯他人隐私。"1997 年 12 月 30 日,公安部发布的《计算机信息网络国际联网安全保护管理办法》第 7 条规定:"用户的通信自由和通信秘密受法律保护,任何单位和个人不得违反法律规定,利用国际联网侵犯用户的通信自由和通信秘密。"

2000 年 10 月 8 日,信息产业部第 4 次部务会议通过的《互联网电子公告服务管理规定》

第十二条规定:"电子公告服务提供者应当对上网用户的个人信息保密,未经上网用户同意不得向他人泄露,但法律另有规定的除外。"

2001 年 1 月,《全国人大常委会关于维护互联网安全的决定》规定:"利用互联网侮辱他人或捏造事实诽谤他人及非法截获、篡改、删除他人的电子邮件或者其他数据资料,侵犯公民通信自由和通信秘密的,可以构成犯罪,依法追究刑事责任。"

2001 年 3 月 10 日起施行的《最高人民法院关于确定民事侵权精神赔偿责任若干问题的解释》规定:违反社会公共利益、社会公德,侵害他人人格利益构成侵权[60]。

2003 年开始起草的《中华人民共和国个人信息保护法》(专家建议稿)已经完成,已于 2005 年年初递交国务院,进入了立法阶段。但到目前还没有关于网络隐私的比较成行的法律,对于网络个人隐私的保护和侵权认定问题更是鲜有涉及。

2012 年 12 月 28 日,全国人民代表大会常务委员会出台了《关于加强网络信息保护的决定》,该决定规定了个人信息保护的基本原则,还需要操作性强的法律和实施细则。

2013 年 4 月 1 日,中国首个个人信息保护标准《信息安全技术公共及商用服务信息系统个人信息保护指南》正式实施。这是由工信部联合其他部门制定的,旨在遏制信息犯罪,保护公民的合法权益不受侵扰。然而在央视记者调查中发现许多知名网站并未对用户个人信息提供相关保护技术,京东、携程、淘宝、国美等网民经常访问的网站都存在着注册名和密码用明文传输的问题,存在着用户信息被泄露的可能。该标准对于我国网络信息保护具有突破性的意义,初步解决了我国网络信息安全立法滞后的问题。

2013 年 8 月 8 日,国务院颁布《国务院关于促进信息消费扩大内需的若干意见》,该《意见》要求积极推动出台网络信息安全、个人信息保护等方面的法律制度。这也是中国法治建设中迈出的重要一步,依法保护消费者个人信息网络安全信息成为共和国的新政。

2015 年 6 月,第十二届全国人大常委会第十五次会议初次审议了《中华人民共和国网络安全法(草案)》,该《网络安全法(草案)》第二十二条:任何个人和组织不得从事入侵他人网络、干扰他人网络正常功能、窃取网络数据等危害网络安全的活动;不得提供从事入侵网络、干扰网络正常功能、窃取网络数据等危害网络安全活动的工具和制作方法;不得为他人实施危害网络安全的活动提供技术支持、广告推广、支付结算等帮助。我国的关键信息基础设施保护一直是国家安全的软肋,《草案》为此设立了《关键信息基础设施的运行安全》一节,将我国公民个人信息保护纳入法律正轨,这是重大的历史进步。

在中国,民法没有把隐私权确立为一项独立的人格权,只是借助司法解释并通过保护名誉权的方式或以维护公序良俗包括公民的隐私权,采取的是间接保护方法。如宪法中有关于公民人格尊严、私人住宅、通信自由和通信秘密的保护规定,《计算机信息网络国际联网安全保护管理办法》《计算机信息网络国际联网管理暂行规定实施办法》等也涉及了这类问题。我国的民法典草案中规定了隐私权并单列为一章,草案第七章第二十五至二十六条规定:自然人享有隐私权。隐私的范围包括私人信息、私人活动和私人空间。禁止以窥视、窃听、刺探、披露等方式侵害他人的隐私。我国的香港特别行政区 1996 出台了《个人数据条例》。我国台湾地区制定了《电脑处理个人资料保护法》。

实践证明,这种间接保护隐私权的方法是不完备、不周密的。加强网络环境下个人隐私权的保护,实现国内立法与国际立法接轨已是势在必行。因此,应该在宪法和即将制定的民法典中明确规定隐私权为公民的一项独立的人格权,对公民隐私权的保护应形成以宪法为核心,以民法典为重点,以刑法、行政法等其他法律法规为辅助的保护体系。

一般认为我国公民享有以下 10 项隐私权[47]。

① 公民享有保守姓名、肖像、住址、住宅、电话等秘密的权利,未经其许可,不得加以刺探、公开或转播。

② 公民的个人活动,尤其是在住宅内的活动不受监视、监听、窥视,但依法监视居住者除外。

③ 公民的住宅不得非法侵入、窥视或者骚扰。

④ 公民的性生活不受他人干扰、窥视、调查或公开。

⑤ 公民的储蓄、财产状况不得非法调查或公布,但是依法需要公布财产状况者除外。

⑥ 公民的通信、日记和其他私人文件(包括储存于计算机内的私人信息)不得刺探或公开,公民的个人数据不得非法搜集、传输、处理和利用。

⑦ 公民的社会关系,包括亲属关系、朋友关系等,不得非法调查或公开。

⑧ 公民的档案材料,不得非法公开或扩大知晓范围。

⑨ 公民向社会公开的过去或现在的纯属个人的情况(如多次失恋、被罪犯强奸、患有某种疾病等),不得进行收集或公开。

⑩ 公民的任何其他纯属于私人内容的个人数据,不得非法加以搜集、传输、处理和利用。

2.3 隐私数据安全的基本要求和隐私保护研究的机构

信息安全的基本要求,如图 2-6 所示。包括机密性(Confidentiality)、完整性(Integrity)、可用性(Availability)三原则,简称 CIA。

隐私数据安全是一个宽泛的概念,其具体的需求由数据的机密性、数据的完整性、可用性、查询隐私保护、可控性(访问控制策略),以及可审查性、真实性、数据的完备性 8 个部分构成。

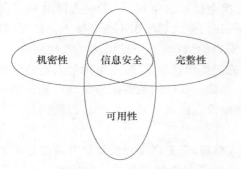

图 2-6　信息安全的基本要求

(1) 数据的机密性(Confidentiality):需要有完善的数据安全机制来保证数据的内容不会泄露,即信息的内容不会被未授权的第三方所知。无论是未经授权的恶意访问还是经过授权后对发布数据进行挖掘,都需要采取安全技术手段予以阻止,以防止隐私数据被不应知晓的人获得。如何实现机密性?

① 授权(Access control):授予特定的用户具有特定的权限。

② 加密(Cryptography):包括数据加密和通信加密。

数据加密:对数据本身进行加密,如 EFS。

通讯加密:对会话过程进行加密,如 SSH、SSL、VPN 等。

(2) 数据的完整性(Integrity)指在传输、存储信息或数据的过程中,保证信息或数据的内容不会被修改和破坏。即只有得到允许的人才能修改数据,而且可以判别出数据是否已经被篡改。也就是说,发件人所发出的消息必须原封不动地抵达收件人那里,如果沿途惨遭篡改、删节,收件人必须能够发现。常见技术如数字信封、数字签名。保证隐私数据的完整性、一致性是隐私保护的重要需求。

(3) 可用性(Availability)和访问控制指有权使用信息的人在需要的时候可以立即获取,即可被授权实体访问并按需要使用的特性,否则没有实际应用价值。例如,有线电视线路被中断就是对信息可用性的破坏。

可用:这一需求要求处于保护下的隐私数据具有可用性。保证隐私数据的安全是基本需求,但是同时保证隐私数据在必要的情况下能够被获得并使用是隐私保护的重要目的。如果因为安全措施过于严密使得数据无法使用,隐私保护的安全手段实际上就失去了意义。

可限制:这一需求要求获得隐私数据使用许可的个人或机构严格按照隐私的使用许可进行数据操作,在这一许可范围之外的使用途径均应当予以禁止。

(4) 查询隐私保护(Query Privacy Preserving)服务提供者不能察觉客户查询相应数据的目的,客户能够从 N 个数据元素中检索第 i 个元素而不被服务提供者发现客户对第 i 个元素感兴趣。

(5) 可控性(Controllability)(可追溯性):可以控制授权范围内信息的流向及行为方式。

(6) 可审查性(不可抵赖性):对可能出现的网络安全的问题提供调查的依据和手段。这一需求要求任何对隐私数据的访问都能够备案,能够对何人在何时以何种方式访问了何种数据进行记录,并在事后可被用作调查分析,从而可以对系统安全存在的问题和漏洞进行统计分析处理,并对非法的数据访问责任者进行追溯。

(7) 真实性(Authenticity):是指信息的可信度,主要是指对信息所有者或发送者的身份的确认。如身份验证:收件人能够验证发件人的身份,以保证其他人不能仿冒发件人的身份发送虚假消息。

(8) 数据的完备性(Data Completeness)服务提供者不能随意删除或添加自己的任意的数据,因此,数据库服务需要保证服务提供者提供的数据是正确的,返回客户的结果是完备的。

这 8 个安全需求有机地组成了隐私数据安全的基本需求,也是数据的核心技术,这 8 个环节中的任何缺失都将使隐私数据安全产生潜在危害。

不同类型的信息在保密性、完整性、可用性及可控性等方面的侧重点会有所不同,如专利技术、军事情报、市场营销计划的保密性尤其重要,而对于工业自动控制系统,控制信息的完整性相对其保密性则重要得多。确保信息的完整性、保密性、可用性和可控性是信息安全的最终目标。

隐私保护研究的机构如下所示。

目前,致力隐私保护研究的机构包括 Amazon、AOL、Apple、BBC、eBay、Facebook、Friendster、Google、LinkedIn、LiveJournal、Microsoft、MySpace、Skype、Wikipedia、LiveSpace、Yahoo、YouTube、W3C 的 P3P 工作组、TRUSTe 联盟、IBM Privacy Research Institute、斯坦福大学的 Information Privacy Group 和伯克利大学的 Ubicomp Privacy Research Group 等。KDD、SIGMOD 及 IEEE Internet Computing 等国际著名会议期刊中对此都有所展望,并相继涌现出重要的研究成果。

2.4 网络时代隐私面临的主要威胁

个人隐私往往包含具有重要价值的信息，如果这些信息被他人获得，有可能会造成个人经济损失、名誉损失或精神损失，因此，隐私成为个人希望保密的信息。然而正是由于这些信息的重要价值，又使其成为一些心怀不轨的人垂涎的猎物，尤其是在网络时代，数据信息的传播、复制达到了前所未有的便利程度，这使得个人隐私的泄露也面临着前所未有的巨大威胁。为了能够清楚地认识众多的隐私数据安全威胁，本文将隐私面临的主要威胁（泄露途径）归纳为4种类型：未经许可的访问、网络传输的泄露、公开数据的挖掘、人肉搜索，如图2-7所示。

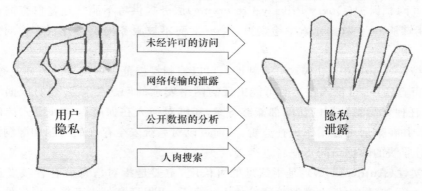

图 2-7 主要的隐私泄露途径

1. 未经许可的访问

未经许可的访问是指保存在本地或远程的个人数据被未经授权的访问所获取，这些访问有可能来自于外部绕过安全机制的攻击，也有可能来自于内部疏于管理的漏洞。例如，存放在本地计算机的用户文件被黑客窃取；用户的操作被木马记录并传递给控制者；存放有公司员工个人资料的数据库服务器暴露在不受保护的网络环境中；网络管理员违规查看数据库记录等。

这一类型的隐私泄露源于计算机安全措施的缺乏，没有采取足够的主动保护本机或服务器数据存取安全的手段，从而导致大量的安全漏洞，不仅造成信息的泄露，还可能造成信息被篡改。

2. 网络传输的泄露

网络传输的泄露是指包含有个人隐私的数据在网络传输的过程中被窃取。例如，在使用即时通信工具时双方的通讯被嗅探器截获；收发电子邮件时邮件内容被网关非法保留；一个传输个人文件的 TCP/IP 链接被会话劫持；登录网上银行却被伪装成该网银的钓鱼网站蒙骗等。

网络传输中的隐私泄露与上一节的情形不同，由于网络传输的公开性，无法阻止他人获得这些数据，但是可以通过加密手段避免传输明文数据等，防止他人获得传输数据后重组成有意义的数据。

3. 公开数据的分析（挖掘）

公开数据的分析（挖掘）是指在数据发布中个人隐私被泄露。例如，未经模糊处理发布的医疗记录情况；经过隐去姓名处理的住房交易信息发布时，通过联系方式确定住房拥有者等。

这类隐私泄露是在公众均可获得明文数据的情况下泄露的。一般情况下，发布的数据都经过了模糊处理或匿名处理,但是别有用心的人(入侵者)仍可以通过公布数据之间甚至之外的信息来准确推测个人隐私,这就需要在发布数据上采取更为可靠但是又能保留公布数据可用性的数据匿名技术。

4. 人肉搜索

"人肉搜索"是指利用人工参与来搜索信息的一种机制,实际上就是通过其他人来搜索自己搜不到的东西,更加强调搜索过程的互动。当用户的疑问在搜索引擎中不能得到解答时,就会试图通过其他几种渠道来找到答案,或者通过人与人的沟通交流寻求答案。它与百度、Google 等搜索技术不同,它更多地利用人工参与来提纯搜索引擎提供的信息,如图 2-8 所示。

"人肉搜索"会泄露个人网络隐私,目前呈现多样化态势。在使用人肉搜索查找事实真相的同时,"人肉搜索"也侵犯个人隐私,如将公布当事人的联系方式、

图 2-8　人肉搜索

照片、家庭地址、身份证号码、婚姻、职业、教育程度、收入状况、个人健康医疗信息、股东账号等个人隐私信息。

(1)"人肉搜索"的特点

"人肉搜索"是一种特殊的搜索行为,发起者在一个网站里,通过提出一个问题将被人肉对象的某些线索公布于网络上,发动广大网民提供相关信息进行搜索。广大网民通过分析、整理相关线索,确定被人肉对象在现实生活中的真实身份以及相关信息,并将搜索结果公布于网络,是一种网民自发性的、集体完成的行动。

与传统搜索引擎相比,人肉搜索依靠广大网民和网络数据库,更多地利用人工参与来提纯搜索引擎查找信息的一种方式,可以找到百度谷歌搜不到的信息。其特点:交互性、自发性、创造性。

(2)"人肉搜索"的积极作用与隐私泄露

"人肉搜索"现象,在某种程度上也是一种公民行使监督权、批评权的体现,其积极价值:一是有利于个人情绪的平衡;二是有利于社会的稳定。"人肉搜索"现象的出现,有利于网络社会的德治与现实社会法治的结合,能使德治和法治双管齐下,社会更稳定。

"人肉搜索"作为一种新的网络现象,如果使用不当,容易引起严重的隐私泄露及网络暴力等消极影响。由于"人肉搜索"时,当被搜索对象的个人隐私被毫无保留地被公布,被搜索者所面对的不仅仅是人们在网络上的口诛笔伐,甚至在现实生活中也遭受到人身攻击和伤害。因此,如果"人肉搜索"超越了网络道德和网络文明所能承受的限度,就容易成为网民集体演绎网络暴力非常态行为的舞台,侵犯了个人隐私权等相关权益,失去了"人肉搜索"发挥网络舆论监督的作用。

"人肉搜索"处于互联网规范与现实社会法律监管的真空地带,多年以来事件频发,引起了社会各方强烈关注。若"人肉搜索"中超出了法律的底线,侵害了被搜索人的隐私权行为时,构成侵权行为。我国法律及相关司法解释明确约束了利用互联网进行"人肉搜索"公开他人隐私信息的行为,不恰当的"人肉搜索"行为应向被侵权人承担赔偿责任,情节严重的可能涉嫌触犯我国法律规定。例如,2014 年 10 月 10 日开始实施的《最高人民法院关于审理利用信息网络侵害人身权益民事纠纷案件适用法律若干问题的规定》第十二条规定:"网络用户或者网络服

务提供者利用网络公开自然人基因信息、病历资料、健康检查资料、犯罪记录、家庭住址、私人活动等个人隐私和其他个人信息,造成他人损害,被侵权人请求其承担侵权责任的,人民法院应予支持。"被侵权人因人身权益受侵害造成的财产损失或者侵权人因此获得的利益是无法确定的,人民法院可以根据具体案情在 50 万元以下的范围内确定赔偿数额。同时,我国刑法将窃取或者以其他方法非法获取公民个人信息情节严重的行为认定为"非法获取公民个人信息罪",司法实践中使用计算机手段破解上述信息,或利用其他方式骗取上述信息的行为都有可能构成此犯罪。因此,亟待法律和法规的规范。

从另一个角度,隐私泄露的方式包括主动和被动两种方式。

主动泄露是指个人为实现某种目的而主动将个人信息提供给商家、公司或他人。例如,个人参加"调查问卷"或抽奖活动,填写联系方式、收入情况、信用卡情况等信息。主动将有关信息泄露给商家,而商家对个人信息没有尽到妥善保管的义务,在使用过程当中把个人信息泄露出去。

被动的隐私泄露指个人隐私被他人采取各种手段收集或贩卖,造成故意或者过失的个人信息披露。

2.5 隐私泄露的原因和表现形式

20 世纪 80 年代,随着 Internet 所带来的信息革命,以及网络社交、电子商务、电子政务、网络教育的蓬勃发展,从根本上改变了人们的生活方式和生存方式,给人们的生产生活带来极大的方便,人们在网上的活动越来越多,如网上浏览查询、聊天、购物、学习、收发邮件等。在这些网络活动中,将涉及大量的个人隐私信息,如 IP 地址、网址、Email 地址等,而这些个人信息很容易利用现有的技术手段进行收集和利用。新技术引发新隐私危机,网络用户可能正在网络上"裸奔"。一切能上网的设备都有"泄密"的可能,用户的工作资料、银行卡账号、支付宝密码,甚至是一些私密照片等,随时有可能落入别人手里。更不幸的是,只要保持在线,用户的一举一动都会被搜索引擎或广告商监控。

定义 2.5 信息泄露:对于发布数据集,如果访问该发布数据集比不访问获得了更准确的机密信息,则表明发布数据集出现了信息泄露。

2.5.1 泄露的类型

泄露的类型(Types of Disclosure)包括身份披露、属性披露、成员披露和推理披露。

身份披露(Identity Disclosure):当一个特定的人的记录可以在发布的文件中找到,则表明身份泄露(也称为记录披露)。如一个最富有的人在学校调查的发布数据集中,我们能确定其身份,则表明发生了身份披露。

属性披露(Attribute Disclosure):当关于特定人的敏感信息是通过发布数据集揭示,有时需要背景知识的支持,则表明属性泄露。

成员披露(Membership Disclosure):攻击者若能知道一个特定的人是否在这个数据集中,则表明成员泄露(Attacker cannot tell that a given person in the dataset),也称为表链接攻击。

推理披露(Inferential Disclosure):如果从发布的数据中可以更精确地确定个体的一些特性值的可能性,则表明发生推理泄露。

2.5.2　隐私泄露的原因

隐私保护越来越成为广大互联网用户关注的问题,造成隐私泄露的原因主要有 4 项。

(1) 用户信息安全意识淡薄或技能不高,造成个人的隐私泄露

个人的无意识外泄,包括被迫或自愿地泄密。自愿指网络用户为了一些利益而自愿暴露自己的隐私数据。被迫指在这个社会群体中,我们不得不面临着一次次的"泄密"隐患:不填写身份证、真实姓名办不了银行卡,上不了网游,买不了手机卡;不填写个人基本资料、邮箱账号等,就无法注册聊天工具、论坛、博客;不填写工作经验、学历、薪金等就无法提交招聘申请表格。互联网是一个开放的、虚拟的平台,不管是申请注册,还是进行网上购物都需要填写个人的基本信息。每个人每年都面临着几次十几次甚至更多次小心翼翼填写这些表格的情形,而对方如何处理这些表格中的个人信息,我们却从来无法"跟踪到底"。这些都是真实的信息,当这些信息被一些别有用心的人利用时,会导致这些个人隐私信息被恶意发布,甚至用来实施恐吓或威胁。中国青年报调查显示,88%的受访者曾因个人隐私泄露而遭受困扰,个人信息应该如何保护? 这也是待研究的课题。

(2) 网站及企业机构收集个人信息

部分网站和商家企业把网上收集到的个人信息,存放在专门的数据库当中,进行数据整理、分析、挖掘,达到商业价值的再利用,甚至将用户的个人资料转让、出卖给其他的公司企业。侵犯个人隐私在当前社会已经不仅仅是对他人强烈好奇心的体现,而是一种商业利益的驱使,个人资料存在着商业的价值,因而会被收集、利用,甚至是买卖。

(3) 黑客入侵计算机系统获取个人信息

由于所使用的信息系统或信息安全产品防护能力不够强(缺乏完善的保护机制),给计算机黑客等攻击者造成了窃取用户隐私的机会,网站服务器易被黑客侵入获取用户私人信息,并以此牟利。如英国一名黑客通过互联网获取了 2.3 万多张信用卡的详细资料,并在互联网上将数千张信用卡信息发送出去。

(4) 发布数据的信息披露

这也是发布数据的研究重点。由于数据保护和发布机制的不完善,别有用心者针对发布数据进行分析、挖掘和推理,造成发布数据中个人信息的泄露。

2.5.3　隐私泄露的表现形式

随着互联网的飞速发展,互联网用户数量急剧增加,隐私泄露和入侵形式层出不穷,我们面临着严重的网络安全问题,也成为网络攻击的最大受害者。因此,互联网应用层服务的市场监管和用户隐私保护工作亟待加强。隐私泄露的表现形式[56]如下所示。

(1) 网站及企业机构收集隐私信息。用户为了获得各种 Web 服务,在网上注册个人资料之后,遭遇手机号泄露、MSN 和邮箱账号密码被盗用等。如申请邮箱、注册抽奖或是网上购物等,网站常常要求用户填写许多个人信息,作为用户利用某项服务的前提条件。这种个人信息一般包括姓名、年龄、性别、地址、社保号、信用卡号、驾照号、手机号、出生年月、收入、职业、个人爱好、银行资料以及受法律法规保护的数据等。

(2) Cookies 收集用户的隐私信息。Cookies 是服务器存放在客户机上的一个文件,该文件包含用户所访问的网页、访问时间,甚至含有电子邮箱密码等。它的作用就像旅途中"临时签证"上面记录了用户访问的页面、停留时间以及浏览的偏好习惯。

Cookies 功能的工作原理是,第一次输入相应内容,由服务器端写入到客户端的系统中,并在缓存中开除对应区域进行存储。以后每次访问这个网页,都是先由客户端将 Cookies 数据发送到服务器端,再由服务器端进行判断,然后再产生 HTML 代码返回给用户。这时,对应服务器就可以根据不同需求产生不同 Cookies 文件,当我们访问对应网站时就可以根据不同的 Cookies 文件提示不同的信息。同时,当我们系统中存在恶意程序时,通常都植入在浏览器的核心缓存当中,如很多以窃听为目的的间谍工具等,尤其对记录信息,它们更是保持了极高的嗅觉,一旦发现用户开启了对应缓存记录,便会对其进行破解,并通过后门上传等方式,将账户、密码发送给黑客,从而导致用户的隐私被他人窃取。

采用 Cookies 机制指定了一种用 HTTP 请求和回复消息创建状态会话的方式,它描述了两个新的标头,Cookie 和 Set2Cookie 头,用于携带参与的服务器和客户机的状态信息。因此,Cookies 具有重构网络用户所从事的网络活动的功能,通过对用户在网络上访问网站、查看产品广告、购买产品等行为的跟踪,结合网络注册系统,就可以得出用户的健康状况、休闲嗜好、政治倾向、宗教信仰等信息,从而生成有关用户的个人档案,如图 2-9 所示。

图 2-9　大兄弟正在监视着你!

（3）利用 GPS 定位或 IP 地址跟踪用户的位置和行踪。移动终端和基于 HTTP 的 Internet 普通终端是最广泛的应用。移动终端中包含直接的位置定位信息;HTTP 是一个服务器和客户机之间的交互协议,用于分布式、协作式的超媒体的信息系统,它运行在一个可靠的传输协议(如 TCP)上面。在 Web 服务器和客户机建立会话时,IP 地址、URL 和软件版本等信息都将传送到服务器,因此,对方可利用 IP 地址跟踪用户的位置或在线行为等。如 IPv6 中,HTTP 的消息头中包含更直接的位置信息。

任何网站的操作者都可以记录访问者在网站上的每一个举动:访问者看了哪些网页,输入了什么信息,使用了哪些因特网服务。网络安全软件的创始人、被称为安全问题专家的理查德·史密斯把因特网网站比作是录像机,它可以"不断地记录下你何时进入该网站,同什么人谈过话,甚至包括你谈话的内容"。

（4）利用恶意程序(木马、蠕虫和僵尸等呈现)窃取隐私信息。当用户从网站下载免费软件并安装时,如果该软件中含有特洛伊木马病毒,则它可窃取用户的隐私信息并上传给网站。据中国国家互联网应急中心对部分木马和僵尸程序抽样监测[71],2006 年我国约有 4.47 万台计算机受木马控制,2007 年木马病毒危害增长最快,约有 99.5 万台计算机受控制,2008 年受木马控制的计算机降至 56.56 万台。2009 年我国境内被木马程序控制的主机 IP 数量为 26.2 万个,境外有近 16.5 万个主机地址参与控制这些计算机,其中 16.61% 来自美国。

"僵尸网络"比木马更为活跃、更隐蔽,杜跃进博士把"僵尸网络"比喻为"黑社会"手中的"大规模杀伤性武器"。我国对僵尸网络控制的 IP 地址进行抽样调查发现,2007 年超 362 万,2008 年约 123.7 万。2009 年我国境内被僵尸程序控制的主机 IP 数量为 83.7 万个,境外有 1.9 万个主机地址参与控制这些计算机,其中 22.34% 来自美国。2010 年,由于扩大了监测范围,CNCERT 全年共发现近 500 万个境内主机 IP 地址感染了木马和僵尸程序,较 2009 年大幅增加。2010 年,在工业和信息化部的指导下,CNCERT 会同基础电信运营企业、域名从业机构持续开展木马和僵尸网络专项打击行动,成功处置境内外 5 384 个规模较大的木马和僵尸网络控制端与恶意代码传播源。监测结果显示,相对 2009 年的数据,远程控制类木马和僵尸网络的受控主机数量下降了 25%,治理工作取得一定成效。然而,黑客也在不断提高技术对抗能力。根据工业和信息化部互联网网络安全信息通报成员单位报告,2010 年截获的恶意代码样本数量特别是木马样本数量,较 2009 年明显增加,木马和僵尸网络依然对网络安全构成直接威胁,治理工作任重道远。

(5) SQL 注入窃取隐私信息。由于程序员的水平及经验也参差不齐,大部分程序员在编写代码的时候,没有对用户输入数据的合法性进行判断,使应用程序存在安全隐患。恶意用户可以提交一段数据库查询代码,根据程序返回的结果,获得某些想得知的数据,这就是所谓的 SQL 注入(SQL Injection)。这类攻击要通过提高程序员的编程水平,编写程序时过滤用户提交的参数,尽量减少 SQL 注入的发生。

(6) 网络钓鱼,窃取隐私。"网络钓鱼"(Phishing)是"社会工程攻击"的一种形式,是通过大量声称来自于银行或其他知名机构的欺骗性垃圾邮件,意图引诱收信人给出敏感信息(如用户名、口令、账号 ID 或信用卡详细信息)的一种攻击方式。最典型的网络钓鱼攻击将收信人引诱到一个通过精心设计与目标组织的网站非常相似的钓鱼网站上,并获取收信人在此网站上输入个人的敏感信息,通常这个攻击过程不会让受害者警觉。

2010 年,CNCERT 共接收网络钓鱼事件[71]举报 1 597 件,较 2009 年增长 33.1%;"中国反钓鱼网站联盟"处理钓鱼网站事件 20 570 起,较 2009 年增长 140%。国内大量主机被黑客利用进行此类活动,约 15% 的用户会上当,近年来"网络钓鱼"规模有所下降,这与我国作出的努力是分不开的。

例如,2005 年 9 月,山东省菏泽市公安厅提醒用户,最近微信、QQ 空间上出现了各种让用户输入名字的算命,算前世今生、算 5 年后开什么车,甚至算出轨的游戏等,这种游戏会在后台盗取用户的手机号码,再让用户输入其名字去匹配,从而盗取用户的姓名和手机号码信息,为进一步攻击奠定基础,如用户再使用手机银行、支付宝,那可能会导致用户的财产损失。这是一种新型的钓鱼(偷盗)方式。

(7) 非法贩卖隐私信息,造成隐私泄露。在进行商品交易时,本应该保密的信息可能被非法出卖,例如,医疗信息网站 DrKoop.com 在没有征得用户的许可的情况下就将他们的健康信息出售给网站 vita2cost.com,结果因其泄露了他人的隐私而导致破产。

(8) WiFi 热点造成泄露隐私[72]。WiFi 上网的特点:成本低、方便。然而 WiFi 却最容易让用户泄密。2015 年的 3·15 晚会上,央视曝光了免费 WiFi 的安全问题,并在晚会现场向民众演示了黑客通过 WiFi 网络轻易截取用户的账号、密码等信息的全过程。正如《融 360:金融防骗手册》中所提示的,因随意使用公共 WiFi 而被黑客盗取个人信息已成为信用卡诈骗的新手段。由于 WiFi 不设密码的情况下是"明文传输"的,任何人只要下载一款网络监听软件,就可以截获用户网上的一切。

(9) 利用信息恢复,造成泄露隐私。也即恢复删除的信息[48],普通用户认为,设备上的重要的数据删除后,清空"回收站"数据就会消失。然而,这种简单删除的数据都可以轻易恢复,造成隐私泄露。

(10) 通讯监管(Surveillance of Communications)和视频监控(Video Surveillance)的使用,造成泄露隐私。多数国家由执法机构授权并通过电报、电话等形式进行监控窃听。另外,近年来,视频监控摄像头(也叫闭路电视)在世界各地的使用已发展到前所未有的水平。监控探头应用的目的是为了防止非法行为,以保证社会环境的安宁。目前,城市的街道、公共场所、超市、写字楼、ATM 取款机,甚至家庭居所都有安装监控探头。但是监控数据的访问安全需要保证监控对象的隐私安全,如图 2-10 所示。

图 2-10　隐私泄露

2.6　信息度量和隐私保护原则

定义 2.6　信息度量(Information Metrics)是用来衡量匿名表的实用性和隐私保护程度,包括隐私泄露风险评估(Disclosure Risk)、可用性评估(Data Utility)和信息损失评估(Informantion Loss)。

数据变换技术中的隐私保护是通过对原始数据的扭曲、伪装或轻微改变来实现的。衡量隐私保护的程度也就是数据的实用性和安全程度,一般从 3 个方面来衡量:①隐私泄露风险评估,隐含在原始数据中的敏感信息或敏感规则模式被披露的程度;②可用性评估,根据修改后的原始数据推测出正确值的可能性;③信息损失评估,原始数据的改变程度。

对于很多隐私保护方法,目前还没有一个能针对各种数据集、各种挖掘算法的有效的隐私保护策略,当前算法都是针对特定的数据集,特定的挖掘算法研究设计的。但信息度量是希望找到隐私泄露风险评估(Disclosure Risk)和可用性评估(Data Utility)的平衡关系(即 R-U 关系),如图 2-11 所示。其中,Disclosure Threshold 为隐私泄露阈值,DL Method 1(Disclosure Limitation Method 1)为隐私泄露限制方法 1,DL Method 2(Disclosure Limitation Method 2)为隐私泄露限制方法 2。

对于在什么情况下用什么样的算法应该从以下几点考虑[73]。

(1)隐私泄露风险评估

方法研究的是数据挖掘的隐私保护,首要考虑的是对隐私数据保密的程度。目前的算法中不能保证做到绝对保密,每个算法的保密性都是有限的,根据不同的保密需要选择不同的隐私保护方法。

（2）数据的实用性

隐私数据的处理一方面考虑的是保护数据中的隐私信息，另一方面考虑共享数据的趋势（实用性）。

（3）算法复杂度

算法复杂度是指算法运行时所需要的资源，资源包括时间资源和内存资源，算法复杂度是衡量所有算法的一个基本标准，对于隐私保护算法也同样如此。一般利用时间复杂度对算法性能进行评估。在考虑算法的可用性的基础上也要考虑算法的可行性，应使算法的复杂度要尽可能地低，这是在设计方法时的一个重要目标。

（a）隐私保证和数据可用性的平衡关系图

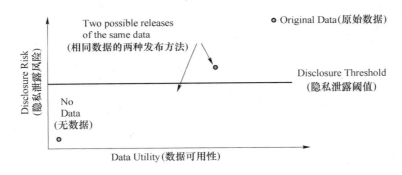

（b）R-U 关系图

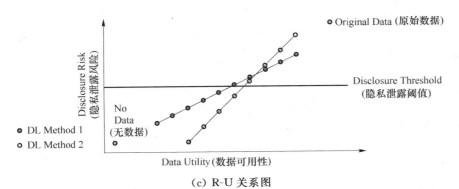

（c）R-U 关系图

图 2-11　隐私风险和数据可用性关系

面向用户的隐私保护原则，主要包括 4 个方面：用户的匿名性（Anonymity）、用户行为不可观察性（Unobservability）、用户行为不可链接性（Unlinkability）和用户假名性（Pseudonymity）。

2.7　社交网络的隐私保护

社交网络已成为人们生活中密不可分的一部分,想要脱离几乎不太可能,它在人们的生活中扮演着极其重要的角色,影响着人们的信息获得、思考和生活产生方式。就每个用户个人而言,社交网络是获取信息、展现自我、营销推广的首要窗口和平台,是他们的第一选择。但是与此同时,社交网络的发展也带来了一些弊端,尤其就是个人隐私数据泄露的问题。社交网络无疑已经成为互联网络中最热门的应用,它提供给互联网用户一种创新的信息分享的方式。但是在用户享受社交网络带来与世界沟通的便利的同时,社交网络的隐私保护(Social Network Privacy-Preserving)问题也充分暴露。2010 年,国内有 3Q 之战,国外从 Facebook 到维基解密,再到基于 Google 街景的应用"I Can Stalk U",使在线数据隐私问题成为全民关注的焦点。以下是 2010 年的重大隐私相关事件[53]。

(1) 腾讯与 360"大战"引发全民关注隐私问题

2010 年春节,腾讯选择在二三线和更低级别的城市推广 QQ 医生安全软件,也就是一夜之间,QQ 医生占据国内 1 亿台左右计算机,市场份额近 40%。腾讯此举俨然"侵入"了 360 的地盘,国庆前夕,360 推出了隐私管家,直指 QQ 涉嫌侵犯用户隐私,随后 360 又发布了 QQ 保镖,该产品除了保护 QQ 用户隐私外,还能屏蔽 QQ 秀、QQ 软件广告、QQ 迷你首页弹窗及 QQ 新闻的弹出。在此情景下,腾讯发出了致广大 QQ 用户的一封信:"亲爱的 QQ 用户:当您看到这封信的时候,我们刚刚作出了一个非常艰难的决定。在 360 公司停止对 QQ 进行外挂侵犯和恶意诋毁之前,我们决定将在装有 360 软件的计算机上停止运行 QQ 软件。"在"3Q 大战"正酣之际,网民开始思考自己的数据隐私问题。

(2) Facebook 的隐私控制

Facebook 作为绝对主流的社交网络,在 2009 年 12 月之前,大部分用户在 Facebook 上的信息缺省都是个人而言对外不可见的。而这也是 2004 年 Facebook 在哈佛大学寝室发布时的设计哲学。在 2009 年 12 月,宣布将在隐私设置方面采取重大改变:大部分 Facebook 用户的数据被设置成公共可见。用户的姓名、头像、性别、当前所在城市、所处的网络、好友列表和用户订阅的页面,因此,在 Facebook 上成了公众可以随意获取的信息。虽然好友列表和感兴趣页面的可见性等少部分关键信息的设置权被交还给用户,但是绝大部分用户发表的内容在 Facebook 上的缺省设置还是公共可见的。因此,很多人控诉 Facebook 放弃其最基本的原则只是为了自己牟利。

迫于舆论压力,在 2009 年 12 月之后的 5 个月,Facebook 撤销了其中的一些改变。

(3) 维基解密

2010 年对隐私问题造成最大混乱的组织是由澳大利亚人朱利安·阿桑奇(Julian Assange)创办的维基解密。维基解密搜集并发布了上千的政府机密文件。它成为了一种新型的媒体公司,自称为"科学新闻"模型,并寻求政府各项操作的极度透明。各种机密事件都已经发生了数十年以上,但是大量的文件获取和泄露都只是最近的事情。网站、电子邮件、博客、微博客和社交网络为机密的获取和传播同时开辟了绿色通道。世界为何需要"维基揭密",视频详见文献[108]。至少维基解密撼动了政府机关通信中的隐私的概念。

（4）Google 的隐私

作为网页搜索的绝对霸主，Google 知晓我们大部分人在搜什么以及我们正在点击什么。所以这种公司的隐私问题是不可避免的——而这几年这些问题则尤其多。包括 Google 街景汽车在没有征得别人同意的情况下随意拍摄路人。2010 年，Google 被用户的隐私辩驳围绕——同时是在相当多的国家。即便是 Google 广为流行的移动操作系统 Android，也遭到了批评。来自大学研究者的一份研究发现一些 Android 应用程序正在将用户的私人数据发给广告商——而且经常是在用户不知情的情况下。而 Google 对这一事件的反应是，这不是一个 Android 特有的问题，而是一个影响整个软件业的问题。

综上观察，广大用户越来越关注大公司们会怎样对待他们的数据。

第3章 隐私保护常用技术与隐私攻击模型

因特网的开放性和使用的简易性使得千百万人可以共享信息,但这也给人们的隐私权造成了威胁。如今,所有网上的个人敏感信息如果不加以适当的保护,就会使 Internet 向最严重的侵犯隐私行为(身份盗用)敞开大门。那时,窃贼就会接管用户的储蓄和信用账户。许多金融服务公司需要用户在进入其网站时提供社会安全号码(身份证号码)。随着在线的因特网联结,如电缆调制解调器数量越来越多,心怀恶意的黑客们可以用数字技术"嗅识"出对人们生活极为重要的密码数据。因此,对个人隐私的保护迫在眉睫,本章重点介绍隐私保护的常用技术、隐私攻击模型和隐私保护机制的两种模式。隐私保护的常用技术主要包括匿名处理(删除标识符)、概化/归纳、抑制、取样、微聚集、扰动/随机、四舍五入、数据交换、加密、Recording、位置变换和映射变换等。隐私攻击模型主要包括记录链接攻击、属性链接攻击、表链接攻击和概率攻击。隐私保护机制的两种模式包括交互模式和非交互式模式。

3.1 隐私保护常用技术

什么是隐私保护? 1977 年 T. Dalenius[150] 提供了一个非常严格的定义:与不访问发布的数据库相比,访问这个发布的数据库不应该使攻击者发现受害者任何特别的信息,即使攻击者拥有从其他地方获得的背景知识。C. Dwork(2006 年)的研究表明,由于背景知识的存在,隐私的绝对保护是不可能的。例如,一个人的身高被认为是隐私,揭露了这个人的身高就认为隐私泄露了。假设数据库算出了不同国家女性的平均身高。一个对于统计数据库拥有访问权的攻击者获取了辅助信息"Terry 的身高比立陶宛女性的平均身高矮 2 英尺(0.69 m)",那么他将获得 Terry 的身高,无论 Terry 的记录是否在数据库中都能够造成泄露,而对于只知道辅助信息却没有访问权的攻击者却无能为力。我们将带着这个问题开始探讨隐私保护的常用技术、差分隐私技术和其他相关技术。

定义 3.1 隐私保护数据发布(Privacy Preserving Data Publishing,PPDP):保护私有数据,同时发布有用信息,如图 3-1 所示。传统的信息(隐私)安全是保护信息和信息系统免遭未经授权的访问和使用,如图 3-2 所示。

关于隐私保护这一概念,目前的外文文献中有如下两个不同的词汇:Privacy Protection 和 Privacy Preservation。

Privacy Protection:这一隐私保护的概念侧重于防范来自外部威胁的隐私安全手段。

Privacy Preservation:这一隐私保护的概念侧重于对用户隐私的搜集使用过程中给予用户隐私足够的尊重与有限的使用。

隐私保护数据发布的目的是保证个人隐私的同时保证发布数据的实用性。典型的数据发

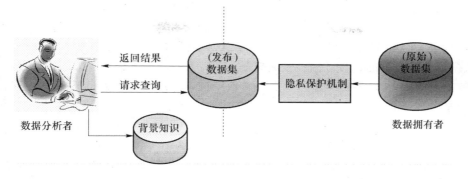

图 3-1　隐私保护数据发布

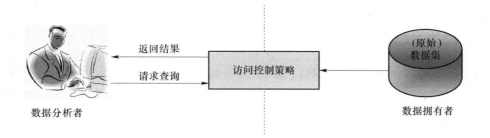

图 3-2　传统的信息(隐私)安全

布场景如图 3-3 所示。隐私保护数据发布场景中的 4 个角色:数据提供者(如 Mike、Susan、Perle)、数据收集者(如原始数据收集者)、数据发布者(如第三方发布者)、数据接收者(如研究者、数据提供者、入侵者等)。一般情况下假设数据发布者可信任,但其不知道接收方是谁,也不清楚接收方如何使用数据,所以只在数据发布阶段考虑隐私保护问题。

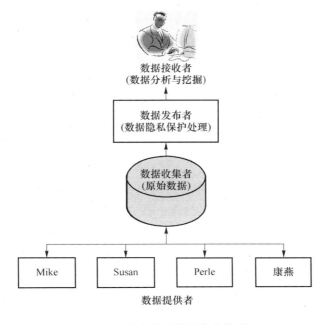

图 3-3　隐私保护数据发布模型

在网络所带来的隐私保护问题当中,一个关键的问题就是有关个人数据的权利问题。所谓个人数据,是指用来标识个人基本情况的一组数据资料。一些研究人员认为发布的数据会泄露用户隐私,可以用发布数据挖掘结果来替代。实践证明这种方法是不合适的,主要原因为:①数据常常是凌乱的,实用性差,数据挖掘人员需要看数据来决定合适的挖掘方法,直接使用发布数据更灵活些;②各行专家常常有一套使用很多年的分析方法和工具,放弃这些方法对他们来说是一种挑战。

在一般情况下,关于个人的详细资料(数据表,Data/Table),包括姓名、年龄、性别、地址、社保号、信用卡号、驾照号、手机号、出生年月、收入、职业、个人爱好、银行资料以及受法律法规保护的数据等。通常包含 4 类属性,即显式标识符、准标识符、敏感属性和非敏感属性,这 4 类属性集合是不相交的。大多数的数据表假设每个记录代表一个不同记录所有者(个体)。其中:①显式标识符,即个体标识属性(Individually Identifying Attribute,ID),包括可以显式表明个体身份的属性,如姓名、身份证号码(PID)、社会安全号码(SSN)和手机号码,能准确确认个体的信息;②准标识符(Quasi-Identifier Attribute,QI),是一个能潜在确认个体属性的集合,如性别、年龄和邮政编码的组合;③敏感属性(Sensitive Attribute,SA),由一些个人敏感信息组成,描述个体隐私的细节信息,如疾病、残疾情况和薪水等;④非敏感属性(其他属性),指不属于前 3 类属性的所有属性,如教育程度、婚姻状况等。如果发布数据表仅仅简单删除了个体标识属性,隐私信息仍然有可能被分析和推理获得,因为某些准标识属性组的取值是唯一的。如果攻击者具有一个外部数据库(背景知识),该数据库包含了个体的准标识属性,他可以通过连接两个表来发现敏感属性。

待发布的数据表的一般形式(如表 3-1 所示):

D(显式标识符,准标识符,敏感属性,非敏感属性)

在数据表中,假设每个记录代表一个不同记录所有者。

原始形式的个人详细资料中通常包含个人的敏感数据,发布这些数据会侵犯个人的隐私。因此,发布前使用隐私保护技术进行处理。

表 3-1 原始形式的数据表(Original Data)

RecID	显式标识属性		准标识属性			敏感属性			非敏感属性
	Name	SSN	Sex	Age	State	Diagnosis	Income	Billing	Edu
1	John Wayne	123456789	M	44	MI	AIDS	45 500	1 200	Bachelors
2	Mary Gore	323232323	F	44	MI	Asthma	37 900	2 500	Master
3	John Banks	232345656	M	55	MI	AIDS	67 000	3 000	Bachelors
4	Jesse Casey	333333333	M	44	MI	Asthma	21 000	1 000	Doctor
5	Jack Stone	444444444	M	55	MI	Asthma	90 000	900	Bachelors
6	Mike Kopi	666666666	M	45	MI	Diabetes	48 000	750	Doctor
7	Angela Simms	777777777	M	25	IN	Diabetes	49 000	1 200	Bachelors
8	Nike Wood	888888888	M	35	MI	AIDS	66 000	2 200	Bachelors
9	Mikhail Aaron	999999999	M	55	MI	AIDS	69 000	4 200	Doctor
10	Sam Pall	100000000	M	45	MI	Tuberculosis	34 000	3 100	Bachelors

定义 3.2 标识符(Explicit Identifier,EI/ID):也称显式标识符,数据表 T 的标识符是 T 中的属性,它可以显式表明个体身份的属性,如姓名、身份证号码(PID)、社会安全号码(SSN)等。

定义 3.3　准标识符(Quasi_Identifier,QID/QI):数据表 T 的准标识符是由 T 中若干个属性组成的集合,它通过与外部可用数据表的连接能以高概率推断出某一个体的具体信息。

定义 3.4　敏感属性(Sensitive Attributes,SA):包含隐私数据的属性集,如 Disease 属性。

定义 3.5　非敏感属性(Non-Sensitive Attributes,NSA):除了上述 3 类的属性集。

定义 3.6　划分[74]:若属性 A 是数值型的,则一个划分是指 A 的值域中的一个连续区间,否则,通过对 A 的值分类树中的叶节点由左到右依次从 1 开始递增编号,可将其转化成数值型属性。A 的概化域是由一组不相交的划分组成,而这些划分的并构成 A 的值域。

定义 3.7　概化(泛化)[74]:属性 A 的一个概化域对应一个唯一的概化函数,给定属性 A 值域中的某个值 v,概化函数返回概化域中唯一包含值 v 的划分,该划分就是 v 的概化值。

定义 3.8　QI-等价类:对数据表 T 关于准标识符 QI 进行概化后,在概化表 T' 中,所有 QI 值相同的记录构成一个 QI 的等价类。

定义 3.9　隐私保护技术:主要指网络用户(个人、团体或机构)控制自己的信息何时、如何及何种程度被他人共享,防止隐私信息泄露的相关安全技术。

隐私保护是对个人隐私采取一系列的安全手段,防止其泄露和被滥用的行为。隐私保护技术是为保护隐私所采用的技术,主要指修改原始数据的技术。修改能使隐私在不被泄露的情况下数据获得较高的实用性,有效减少有用信息的丢失。

一般来说,隐私保护常用技术可以归纳为匿名处理(删除标识符)、概化/归纳、抑制、取样、微聚集、扰动/随机、四舍五入、数据交换、加密、Recording、位置变换和映射变换等方法。这些技术在军事、通讯中已经得到大量应用,在医疗、银行和证券业的 IT 系统中也普遍应用。

(1)匿名处理

匿名是最早提出的隐私保护技术,将发布数据表中涉及个体的标识属性删除(remove identifiers)之后发布,如表 3-2 所示,是由表 3-1 移除个体标识属性后得到的。

基于数据匿名化的研究是假设被共享的数据集中每条数据记录均与某一个特定个体相对应,且存在涉及个人隐私信息的敏感属性值,同时,数据集中存在一些称为准标识符的非敏感属性的组合,通过准标识符可以在数据集中确定与个体相对应的数据信息记录。如果直接共享原始数据集,攻击者如果已知数据集中某个体的准标识符值,就可能推知该个体的敏感属性值,导致个人隐私信息泄露。基于数据匿名化的研究目的是防止攻击者通过准标识符将某一个体与其敏感属性值链接起来,从而实现对共享数据集中的敏感属性值的匿名保护。

表 3-2　匿名化后的数据表(Remove Identifiers)

RecID	Sex	Age	State	Diagnosis	Income	Billing	Edu
1	M	44	MI	AIDS	45 500	1 200	Bachelors
2	F	44	MI	Asthma	37 900	2 500	Master
3	M	55	MI	AIDS	67 000	3 000	Bachelors
4	M	44	MI	Asthma	21 000	1 000	Doctor
5	M	55	MI	Asthma	90 000	900	Bachelors
6	M	45	MI	Diabetes	48 000	750	Doctor
7	M	25	IN	Diabetes	49 000	1 200	Bachelors
8	M	35	MI	AIDS	66 000	2 200	Bachelors
9	M	55	MI	AIDS	69 000	4 200	Doctor
10	M	45	MI	Tuberculosis	34 000	3 100	Bachelors

（2）概化（泛化）/抑制（Generalization/ Suppression）

概化是指发布数据不显示一些属性的细节,但发布数据和原数据语义一致,也就是将一些数据进行适当变形,使得变形后的数据相比原始数据具有较少的信息含量以避免成功的推理攻击,同时较好地保证了数据的统计特性和可用性。抑制是完全不显示部分(或所有)记录的一些属性值。这样会减少匿名表中的信息量,但是在某些情况下能够减少泛化数据的损失,达到相对较好的匿名效果。如表 3-3 所示,属性 Age 被概化,属性 Nationality 被抑制。

表 3-3 概化/抑制后的数据表(Generalization/ Suppression)

RecID	Zip	Age	Nationality	Condition
1	41076	<50	*	Heart Disease
2	48202	<50	*	Heart Disease
3	41076	<50	*	Cancer
4	48202	<50	*	Cancer

泛化的主要方法有如下几种:二元搜索、完全搜索和先验的动态规划等,它们能够减少各种数据的信息损失 (Information Loss),但是仍然不可避免地产生不必要的损失。

（3）取样方法（Sampling）

取样就是抽样,抽样是指发布后的结果数据中并不包括所有的原始数据,而是原始数据的部分样本。减少发布数据的数量,使大部分隐私数据不会发生泄露,同时随着样本容量的减少,对原始数据的分析工作量增加。抽样方法要求在采样过程中尽量多地保存原始数据集中的有用信息,提高数据的可用性。也就是用于发布的数据 t 只是总样本 n 中的一个子集。如表 3-4 所示,其中,抽样是一个随机过程,$SF=t/n$ 为取样率(Sampling Frequency,SF)。但此方法不适合于广泛应用,同时也存在基于样例数据的推理攻击破坏行为。

表 3-4 取样后的数据表(Sampling)

RecID	Sex	Age	State	Diagnosis	Income	Billing	Edu
5	M	55	MI	Asthma	90 000	900	Bachelors
4	M	44	MI	Asthma	21 000	1 000	Doctor
8	M	35	MI	AIDS	66 000	2 200	Bachelors
9	M	55	MI	AIDS	69 000	4 200	Doctor
10	M	45	MI	Tuberculosis	34 000	3 100	Bachelors
7	M	25	IN	Diabetes	49 000	1 200	Bachelors

（4）微聚合（Microaggregation）

微聚合是指将原始数据集中属性取值接近的多条记录聚合在一起形成簇,每一个簇组成一个等价类。将每一个簇计算出用来代表这个簇的聚合值(通常是将原始数据集聚合成大小相同的簇,每个簇使用其属性平均值作为此簇的聚合值),在发布的时候只发布聚合值,从而降低了隐私泄露的风险。微聚合是适合于处理数量型数据的方法。也就是将几个值进行合并或抽象而成为一个粗糙集。如表 3-5 所示,对属性 Income 进行微聚集,最小值为 3。在微聚合方法中,如何进行聚集、计算聚合值是当前微聚合技术研究的重点。

表 3-5　微聚集后的数据表（Microaggregation）

RecID	Sex	Age	State	Diagnosis	Income	Billing	Edu
2	F	44	MI	Asthma	30 967	2 500	Master
4	M	44	MI	Asthma	30 967	1 000	Doctor
10	M	45	MI	Tuberculosis	30 967	3 100	Bachelors
1	M	44	MI	AIDS	47 500	1 200	Bachelors
6	M	45	MI	Diabetes	47 500	750	Doctor
7	M	25	IN	Diabetes	47 500	1 200	Bachelors
3	M	55	MI	AIDS	73 000	3 000	Bachelors
5	M	55	MI	Asthma	73 000	900	Bachelors
8	M	35	MI	AIDS	73 000	2 200	Bachelors
9	M	55	MI	AIDS	73 000	4 200	Doctor

（5）数据交换（Data Swapping）

数据交换是指将原始数据中不同记录的某些属性值进行交换，将交换后的数据用来发布以达到隐私保护的目的，其核心是在保证统计属性在一定程度上不变的前提下，通过交换数据值使得交换后的数据无法与原始记录一一对应，提高了数据的不确定性。但是如何在交换过程中尽可能多地保持原始数据集的统计信息，特别是原始数据某些子集上的统计信息是当前数据交换技术研究的重点。也就是单个记录间值的交换。如表 3-6 所示，RecID 1 和 RecID 6 的 Income 属性进行了交换。

表 3-6　数据交换后的数据表（Data Swapping）

RecID	Sex	Age	State	Diagnosis	Income	Billing	Edu
1	M	44	MI	AIDS	48 000	1 200	Bachelors
2	F	44	MI	Asthma	37 900	2 500	Master
3	M	55	MI	AIDS	67 000	3 000	Bachelors
4	M	44	MI	Asthma	21 000	1 000	Doctor
5	M	55	MI	Asthma	90 000	900	Bachelors
6	M	45	MI	Diabetes	45 500	750	Doctor
7	M	25	IN	Diabetes	49 000	1 200	Bachelors
8	M	35	MI	AIDS	66 000	2 200	Bachelors
9	M	55	MI	AIDS	69 000	4 200	Doctor
10	M	45	MI	Tuberculosis	34 000	3 100	Bachelors

（6）值替代方法

值替代方法是指按不可倒推的方法用一个新的值替代原有的值；或者用一个符号（如"？"）替代一个已存在的值，以保护敏感数据和规则。

（7）扰动/随机（Perturbation/Randomization）

扰动是指在原始数据中加入一些噪音数据，使得新数据与原始数据产生差异，从而减少了隐私攻击的可能性，插入噪音数据是一种常用的数据扰动技术，如图 3-4 所示。其最大的优点是：可以通过分析原始数据集的数据相关性，在扰动的过程中添加与之相符的噪音，从而保证新数据集中的数据相关性与原始数据基本保持一致。插入噪音数据的核心思想是在保持原始数据相关性和统计不变的前提下，通过降低某一具体条目上的信息准确性来降低隐私推理攻击，一般噪音越大隐私保护度越高，但数据的实用性越小（larger the noise, higher the privacy but lower the utility）。插入噪音数据方法，适合于处理数量型数据，对于范畴型数据会产生较大的噪音。如何选取合适的噪音强度是插入噪音数据技术研究的主要问题。

也就是说基于数据扰动的研究考虑数据拥有者要共享数据给他人做挖掘分析，但是同时数据拥有者又不愿意透露原始数据的精确值，避免隐私信息的泄露。由于数据挖掘者重于从大量数据中发现具有统计意义的知识，数据项自身的精确性对于数据挖掘的结果影响不大。所以只需要保持数据的分布特性，或者重构数据的分布特性，就可以确保数据挖掘结果的准确性。基于这个思想，数据拥有者首先可以通过事先对原始数据进行干扰处理，然后共享经干扰处理后的数据，这样就不会泄露精确的原始数据值。而数据接收者可以在经干扰处理后的数据上，来挖掘发现相关知识。但是如果干扰处理改变了原始数据的分布特性，则数据拥有者还需要提供干扰处理的相关参数，使得数据接收者能够重构原始数据的分布特征。

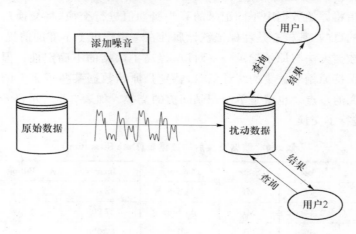

图 3-4　扰动

总之，扰动就是发布前修改原始数据的精确值（perturbation generally means altering values before releasing），有时在查询结果中加入噪音。

（8）凑整（Rounding）和阈值转换法（Topcoding）

凑整（Rounding）和阈值转换法（Topcoding）是微聚（Aggregation）的两个常用方法。

如表 3-5 所示，将收入凑整为最接近的 $ 30 967（该值也可是均值）。

阈值转换法（topcoding or thresholding）是将收入大于 $ 50 000 的个体集聚到一组中（一个等价类）。

（9）Recording

Recording 就是以降低微数据的粒度来实现隐私推理保护，其本质就是削减数据的信息含量使之不足以构成推理破坏。

（10）加密

加密是以某种特殊的算法改变原有的信息数据，使得未授权的用户即使获得了已加密的信息，但因不知解密的方法，仍然无法了解信息的内容。

（11）位置变换和映射变换

位置变换和映射变换相对加密算法来说较为简单，很多时候前两者也是后者的一个组成部分。但是由于其算法简单，所以运算速度相对较快，在一些已经得到了较多保护的情况下更为高效。

位置变换从本质上来说可以归纳为一类只有算法，没有密钥的加密算法。它通过一定的算法，实现对明文中相应位或字的位置转换，从而保护了隐私信息。而映射变换是通过一个代码表，将客户隐私信息转换为另外一个内部代码，由于映射变换可以通过关系数据库的 SQL 进行批量转换，所以在数据库系统中使用较多。

加密、位置变换和映射变换的比较，如表 3-7 所示。

作为一个比较完整的解决方案，不但需要考虑现有的隐私保护方法，还应当考虑这种保护方法需要定期进行更新的问题，即表 3-7 中对更换算法或密钥难度的比较。从表 3-7 中可以看出在计算复杂度、保密性、更换复杂度以及空间变动特性方面，3 个方法各有优劣，在何种情况下对何种客户隐私信息采取何种方法，在后文会进一步分析。

表 3-7 3 种隐私保护方法的比较

方 法	定 义	计算复杂度	保密性	更换算法或密钥复杂度	空间变动
加密	通过某种特殊的算法改变原有的信息数据，使得未授权的用户即使获得了已加密的信息，但因不知解密的方法，仍然无法了解信息的内容	☆☆☆☆☆ 一般需要多次迭代操作	☆☆☆☆☆ 通过算法和密钥进行保护，即使算法泄露也能保护秘密	☆☆ 算法逻辑可以跟密钥分离，更换密钥不需要程序变动	☆ 一般由算法确定计算后空间，难以与原来空间匹配，需修改程序
位置变换	通过一定的算法，实现对明文中相应位或字的位置转换，从而保护了隐私信息	☆ 运算速度快，直接进行位移即可	☆ 一旦算法泄露，所有秘密将不存在	☆☆☆ 难以将变换算法从程序逻辑中分离出来	☆☆☆ 可以直接利用原来程序的表设计
映射变换	通过一个代码表，将客户隐私信息转换为另外一个内部代码	☆☆ 运算速度快，直接查表，适合数据库大批量计算	☆☆ 泄露一条映射关系不影响其他关系	☆ 直接更换映射表即可	☆☆☆ 可以直接利用原来程序的表设计

说明：☆标示计算复杂度、保密性等的级别，☆越多复杂性越高或保密性越好。

另外，通常隐私保护技术大体分为 3 类：数据失真、数据加密和数据匿名化，许多隐私保护方法融合了多种技术，很难简单将其归属到某一类。其对比分析如表 3-8 所示。其中，安全性最高的为数据加密，但是其隐私保护度高，信息损失量大，大大减小了信息的可用性。匿名化技术通用性高，能保护个人隐私信息，并保证发布数据的真实性，从而提高信息的可用性。许多隐私保护方法融合了多种技术。k-匿名和 l-多样性是基于限制发布的泛化技术中比较有代表性的两种隐私保护方法。

通过以上的对比分析，可以明显地观察到数据匿名化的特点与优点，因此我们将针对已有的 k-匿名模型进行研究（详见第 4 章）。

表 3-8　3 类隐私保护技术对比分析

隐私保护技术	隐私保护度	计算开销	数据缺损	数据依赖	通信开销	主要优点	主要缺点	代表技术	典型应用
数据失真	中	低	高	高	低	计算开销小，实现简单	数据失真，严重依赖于数据，不同数据需设计不同的算法	随机扰动 随机化回答 阻塞 微聚	各种数据挖掘操作，如： • 关联规则挖掘 • 关联规则隐藏 • 决策树分类器构建
数据加密	高	高	低	低	高	数据真实、无缺损，高隐私保护度	计算通信开销大，部署复杂，实际应用难度较高	SMC 分布式下实现隐私保护的关联规则，挖掘算法、数据匿名化算法等	分布式下的各种数据挖掘与发布操作，如： • 分布式关联规则挖掘 • 分布式数据匿名发布 • 分布式聚类 • 分布式安全计算等
数据匿名化	高	中	中	低	低	适用于各类数据、众多应用，算法通用性高。能保证发布数据的真实性，适合数据共享	存在一定程度的数据缺损，存在一定程度的隐私泄露。实现最优化的数据匿名开销较大	k-匿名 l-多样性	发布匿名化数据，基于发布的数据可进行各类数据分析操作，如： • 关联规则挖掘 • 决策树分类器构造等 • 聚类等

3.2　隐私保护技术——加密技术

在这里先简要解释加密和签名的密码学原理。它们是我们的个人数据安全解决方案中最为核心的两个操作。实际上，日常生活中很多常用的信息安全保障手段，如支付宝证书、SSL/TLS 证书、网银证书等，均是以这两个操作为核心的信息安全技术。

3.2.1　加密技术

加密指将一个信息（明文，Plain Text）经过加密钥匙（Encryption Key）及加密函数转换，变成无意义的密文（Cipher Text），而接收方则将此密文经过解密函数、解密钥匙（Decryption Key）还原成明文。加密技术是网络安全技术的基石。加密使得未授权的用户即使获得了已加密的信息，但因不知解密的方法，仍然无法了解信息的内容。

先假设发件人和收件人的主机都是安全的，需要处理的威胁主要是来自数据传输通路上的数据监听、窃取、篡改和仿冒。加密最简单的方法莫过于使用加密压缩包（Zip、RAR 等常用压缩格式都支持加密），然而若采用这种方法，首先要把解压密钥交到收件人手中，但如何安全地交换解压密钥？这就使密钥交换陷入了一个死循环。

加密建立在对信息进行数学编码和解码的基础上。加密类型分为两种，对称加密与非对称加密。

对称加密双方采用共同密钥(当然这个密钥是需要对外保密的),如 RC4、3DES、AES 等,运算量小、速度快、安全强度高,因而如今仍被广泛采用。然而它们也都不可避免地具有加解密双方必须事先共享对称密钥的先天缺陷。

非对称加密,加密和解密时使用不同的密钥,即不同的算法,虽然两者之间存在一定的关系,但不可能轻易地从一个推导出另一个。有一把公用的加密密钥,有多把解密密钥(对外保密),如 RSA 算法。例如,A 发送信息给 B 时,使用公共密钥加密信息。一旦 B 收到 A 的加密信息,B 则使用私人密钥破译信息密码(被 B 的公钥加密的信息,只有 B 的唯一的私钥可以解密,这样,就在技术上保证了这封信只有 B 才能解读——因为别人没有 B 的私钥)。使用私人密钥加密的信息只能使用公共密钥解密(这一功能应用于数字签名领域,B 的私钥加密的数据,只有 B 的公钥可以解读,具体内容参考数字签名的信息),反之亦然,以确保 A 的信息安全。

借助非对称加密手段,数据的保密性基本得到解决。初始时,收件人生成一对密钥,并将公钥公布给发件人。双方收发消息时遵循如下流程:

① 发件人 A 用收件人 B 的公钥加密消息,生成密文并发送给收件人 B;

② 收件人 B 用自己的私钥解密消息密文,得到消息明文。

非对称加密存在如下问题:非对称加密虽然克服了需要事先交换对称密钥的问题,但常用的非对称加密算法(如 RSA)都非常慢,无法在短时间内加密较长的数据。假设我们要传输的不是密码这样的短文本,而是诸如大数据集、照片等尺寸上兆的数据,上述过程就行不通了。对于这个问题,解决的方法也很简单。快速加解密是对称加密的优点,那么我们就仍然使用对称加密来对数据进行加密,转而使用非对称加密来对对称密钥进行加密。这样一来,上述流程就变成如下所示的流程了。

- 发件人 A:

① 随机生成一个对称密钥;

② 用对称密钥加密消息明文得到消息密文;

③ 用收件人 B 的公钥加密对称密钥得到对称密钥密文;

④ 将消息密文和对称密钥密文一并发给收件人 B。

- 收件人 B:

① 用私钥解密对称密钥密文得到对称密钥;

② 用对称密钥解密消息密文得到消息明文。

加密技术是最常用的安全保密手段,利用技术手段把重要的数据变为乱码(加密)传送,到达目的地后再用相同或不同的手段还原(解密)。加密技术包括两个元素:算法和密钥。算法是将普通的信息或者可以理解的信息与一串数字(密钥)结合,产生不可理解的密文的过程,密钥是用来对数据进行编码和解密的一种算法。在安全保密中,可通过适当的钥加密技术和管理机制来保证网络的信息通信安全。常用的加密算法和特点如表 3-9 所示。

表 3-9　常用加密算法及特点

类　　型	加密算法名称	特　　点
对称加密算法	DES、3DES、Blowfish、IDEA、RC4、RC5、RC6 和 AES	加密和解密使用相同密钥的加密算法,具有加解密的高速度和使用长密钥时的难破解性

类 型	加密算法名称	特 点
非对称加密算法	RSA、背包密码、McEliece 密码、ECC（移动设备用）、Diffie-Hellman、El Gamal、DSA（数字签名用）、EIGamal	加密和解密使用不同密钥的加密算法，也称为公私钥加密。可以适应网络的开放性要求，且密钥管理问题也较为简单，尤其可方便地实现数字签名和验证。加密速度慢，但是安全性非常高
对称和非对称加密组合算法		密钥管理简单、速度快和安全性高
Hash 算法	MD2、MD4、MD5、HAVAL 、SHA	一种单向算法，用户可以通过 Hash 算法对目标信息生成一段特定长度的唯一的 Hash 值，却不能通过这个 Hash 值重新获得目标信息。因此 Hash 算法常用在不可还原的密码存储、信息完整性校验等

在 IT 系统中，由于非对称加密速度较慢，而 Hash 算法无法还原，所以更多地使用了对称加密算法，并通过对对称密钥进行管理和进一步加密的方式来加强安全性。通信中常用的"扰码"技术可以看作是一种简单密钥和简单算法的加密方法。

3.2.2 数字签名

数字签名(Digital Signature)[78]是一种用于鉴别发件人身份的技术。它主要应用了非对称加密技术和消息摘要技术。以电子形式存在于数据信息之中，或作为其附件的或逻辑上与之有联系的数据，可用于辨别数据签署人的身份，并表明签署人对数据信息中包含的信息的认可。

消息摘要是将一段任意长度的消息转化成一个固定长度的短文本串的过程。它由一个单向 Hash 加密函数对消息进行作用而产生。如果消息在途中改变了，则接收者通过对收到消息的新产生的摘要与原摘要的比较，就可知道消息是否被改变了。因此消息摘要保证了消息的完整性。

对给定消息进行数字签名的流程如下：

① 计算消息摘要；

② 用自己的私钥加密消息摘要，得到数字签名；

③ 将数字签名与消息一起发送给收件人 B。

收件人 B 收到消息后验证数字签名的过程如下：

① 计算消息摘要；

② 使用发件人 A 的公钥解密数字签名，得到原始消息摘要；

③ 比对两个消息摘要。

如果二者相同，即可证明该消息确实由拥有相应私钥的发件人发出，这就达到了身份验证的目的。另外，在校验数字签名的过程中，消息完整性也得到了保证，由于数字签名中包含原始消息的摘要值，一旦消息遭到篡改，收件人计算出的消息摘要便会有别于数字签名中的原始消息摘要，从而导致验证失败。消息摘要算法的主要特征是加密过程不需要密钥，并且经过加密的数据无法被解密，只有输入相同的明文数据经过相同的消息摘要算法才能得到相同的密文。消息摘要算法不存在密钥的管理与分发问题，适合在分布式网络上使用。

至此，保密性、完整性和身份验证问题都得到了解决。完整的数据传输过程如下所示。

- 发件人 A

（1）对消息进行数字签名：

① 计算消息摘要；

② 用自己的私钥加密消息摘要，得到数字签名。

（2）加密签名后的消息：

① 随机生成一个对称密钥；

② 用对称密钥加密消息和数字签名，得到消息密文；

③ 用收件人 B 的公钥加密对称密钥，得到对称密钥密文；

④ 将对称密钥密文和消息密文合并后发送给收件人 B。

- 收件人 B

（1）解密：

① 用自己的私钥解密对称密钥；

② 用对称密钥解密消息密文得到消息明文和数字签名。

（2）校验数字签名：

① 计算消息摘要；

② 用发件人的公钥解密数字签名，得到原始消息摘要；

③ 比对两个消息摘要。

在实际应用中，可以根据需要对加密和签名操作进行组合。

（1）只加密不签名

对隐秘文件进行备份时可采用这种方法。因为日后读取该文件的还是你自己，所以签名与否并不重要。值得注意的是，非对称密钥的长度往往很长，一般至少在 1 024 bit（128 字节）以上，而用户选择的对称密钥则往往只有几个或十几个字节。因此，一般而言，非对称加密的强度要远远高于对称加密。

（2）只签名不加密

通过 Email 向公众发布重大消息时可采用这种方法。消息内容本身是公开的，因此不用加密。数字签名则可用于校验消息来源，同时防止他人仿冒发件人身份发布虚假消息。

（3）签名且加密

一切同时强调保密性和发件人身份验证的用例都应采用这种方法。

思考问题：

① 泛化与属性相关联的所有值和部分值的选择（全局泛化和局部泛化的选择）？

② 一个元组内的所有抑制值和部分值的选择（全局抑制和部分抑制的选择）？

3.3　隐私攻击及攻击类型（攻击模型）

定义 3.10　隐私攻击（Privacy Attack）：在 PPDP 中，攻击者能通过一定的手段（包括背景知识、技术）确定目标对象的隐私属性（敏感属性取值）。

定义 3.11　背景知识（Background Knowledge）：攻击者从其他渠道获得的一些目标对象的信息。关于研究中的几个假设，在 3 种类型的链接攻击（属性攻击、身份攻击、表链接攻击）中：①假设攻击者知道受害者（目标对象）的准标识符属性 QID（如出生日期、性别、出生地、邮政编码等);②假设攻击者知道受害者(目标对象)已在发布记录表,并从记录表中确定受害者的记录或敏感信息;③假设也有一些攻击者可能通过文献资料、技术文档等可能获知发布的数据表采用的隐私模型、实现算法等。将攻击者可能获知的关于发布数据的信息称为背景知识。

定义 3.12 记录/身份攻击:从发布的数据(文件)中,若能够找到一个指定的人的记录,就称为记录隐私攻击,也就是重新标识化(re-identification)。如一个最富有的人在学校调查的发布数据集中,我们能确定其身份,则表明发生了记录攻击。

定义 3.13 属性攻击:从发布的数据(文件)中,若能确定指定人的敏感信息,有时需要背景知识,就称为属性攻击。

定义 3.14 推理攻击:从发布的数据(文件)中,若能确定一个人的一些特征值,或确定一个人的一些特征值更精确,就称为推理泄露。

定义 3.15 表链接攻击:确定受害者是否在发布的数据表中称为表链接攻击,又称为成员攻击。

一个数据表被认为是隐私保护的,当且仅当它可以有效地防止这 4 种攻击(属性攻击、身份攻击、表链接攻击和概率攻击)。

定义 3.16 同质性攻击:在链接攻击的前提下,如果无法从多个数据源中找出某个体对应的一条信息,但是却可以找到该个体对应的多条信息,而这些信息都对应着同一个敏感属性信息,从而泄露该个体的隐私,我们称这一过程为同质攻击。这是由于 k-匿名表内的某等价类中的敏感信息基本相同,以至攻击者获得匿名表后,通过外表(或背景知识)与准标识符链接确定某个体所属的等价类,即可获得相应个体的隐私信息。同质攻击属于属性攻击,对于同质攻击,l-多样性有很好的保护隐私信息的作用。

定义 3.17 背景知识攻击:在链接攻击的前提下,如果无法从多个数据源中找出某一个体对应的一条信息,但是却可以找到该个体对应的多条信息,虽然这些信息包含的敏感属性值都不相同,但是根据攻击者所具有的知识,可以从这多条信息中找出与该个体相对应的可能性极大的敏感属性信息,从而泄露该个体的隐私,我们称这一过程为背景知识攻击。

背景知识攻击过程一般如下所示:

① 已知个体信息包含在某一等价分组中;

② 收集与该组敏感属性值相关的知识;

③ 对个体的敏感属性值进行判断,得出结论。

注:这里的受害者指的是被"攻击者"当作目标的记录持有者。

根据攻击原理(方式),可以大致把隐私攻击分为两大类模型[2]。

第一类链接攻击是当一个进攻者把一个记录与已发布的数据表中的记录,或一个敏感的属性,或发布的数据表本身相链接时泄露发生,称为记录链接攻击、属性链接攻击、表链接攻击。

第二类概率攻击以较高的概率判断目标对象敏感属性取值。对于攻击者,除了背景知识外在已发布的数据表中提供很少的附加信息,但是如果攻击者有一个从前到后坚持尝试攻击的信念,从而达到攻击目的我们称为概率攻击。许多隐私模式没有明确分类数据的 QID 属性和敏感属性,但其中一些模型既可阻止概率攻击,也可以阻止敏感信息的链接攻击,因此分类时和第一类有些重叠。

3.3.1 记录链接攻击

攻击者利用已知的准标识符(QID)中的属性值与另一张相关表链接,增加识别目标对象的概率。如果攻击者再掌握一些额外的背景知识,该目标对象可能被唯一识别,称为记录链接攻击,也就是攻击者已知目标对象的 QID,进行记录链接攻击[80]。为了防止攻击者进行记录链接攻击,就要使其不能通过背景知识唯一确定目标对象在发布表中所对应的记录,就能够实现隐私保护的目的。基于上述思路,研究者提出了多种匿名隐私保护模型。

例如,假设医院需要将病人信息表(如表 3-10 所示)发布给研究人员做医学研究。研究人员知道该表是某一机构的人员健康检查信息,并且还掌握了另一张该机构的人员信息表(也称背景知识或额外信息表,如表 3-11 所示)。如果将这两张表中共有的属性(Education、Sex、Age)链接起来可唯一确定 Tom 的信息,并得知其患有艾滋病,Tom 隐私被泄露。

表 3-10　病人信息表

Education	Sex	Age	Disease
9th	Male	30	HIV
10th	Male	32	HIV
11st	Male	35	Flu
Bachelors	Female	44	HIV
Masters	Female	46	Diabetes
Masters	Female	44	Diabetes
Bachelors	Female	44	HIV

表 3-11　额外信息表

Name	Education	Sex	Age
Tom	9th	Male	30
Jack	10th	Male	32
Fred	11st	Male	35
Lucy	12rd	Female	37
Bette	Bachelors	Female	44
Cindy	Bachelors	Female	44
David	Masters	Male	46
Flora	Masters	Female	44
Darcy	Doctorate	Female	44

为了防止记录链接攻击,P. Samarati 和 L. Sweeney[5] 提出了 k-匿名的概念。即要求所发布的数据表中的每一条记录不能区分于其他 $k-1$ 条记录,结果可以使链接到目标对象的概率最多为 $1/k$。

例如,表 3-12 为表 3-10 的 3-匿名表,Education 和 Age 属性根据图 3-5 所示的分类树进行泛化。有两个等价组分别为{ Secondary, Male, [1,37]}和{University, Female, [37,99]},每个等价组至少有 3 条记录,所以表 3-12 是 3-匿名的。如果将表 3-11 和表 3-12(表 3-12 为表 3-13 的子集)通过 QID 链接起来,每条记录可链接到表 3-12 的记录有两种情况:没记录和至少 3 条记录。

随后又出现(x,y)-匿名和多关系 k-匿名等方法对 k-匿名进行改进,但依旧存在 3 个问题需要解决:①如何选择 QID;②如何划分 QID、敏感属性、非敏感属性;③如果一个等价类中大部分个体都有相同的敏感属性,攻击者无须精确匹配就能获得受害者的敏感信息。

表 3-12　k-匿名病人表($k=3$)

Education	Sex	Age	Disease
Secondary	Male	[1,37]	HIV
Secondary	Male	[1,37]	HIV
Secondary	Male	[1,37]	Flu
University	Female	[37,99]	HIV
University	Female	[37,99]	Diabetes
University	Female	[37,99]	Diabetes
University	Female	[37,99]	HIV

表 3-13　k-匿名额外信息表($k=4$)

Name	Education	Sex	Age
Tom	Secondary	Male	[1,37]
Jack	Secondary	Male	[1,37]
Fred	Secondary	Male	[1,37]
Lucy	Secondary	Male	[1,37]
Bette	University	Female	[37,99]
Cindy	University	Female	[37,99]
David	University	Female	[37,99]
Flora	University	Female	[37,99]
Darcy	University	Female	[37,99]

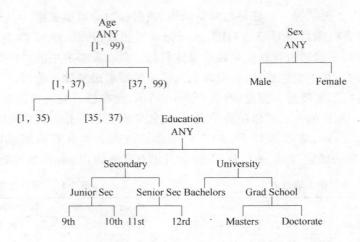

图 3-5　Age(年龄)、Sex(性别)、Education(教育)属性分类树

3.3.2　属性链接攻击

攻击者无须准确匹配目标对象在发布表中的记录,根据已知的准标识符(QID),按照其所在等价类能够推断出其敏感属性取值,则认为发生了属性链接攻击,也就是攻击者已知目标对象的准标识符(QID),进行属性链接攻击[80]。例如,攻击者访问表 3-11 获得 Bette、Cindy 的信息,根据准标识符{Bachelors , Female , 44},攻击者可从表 3-10 中推断出两人都患有艾滋病(HIV)。

为了防止攻击者进行属性链接攻击,必须使其不能通过准标识符(QID)确定目标对象在发布表中敏感属性的可能取值,因此按照准标识符(QID)得到的记录分组中,敏感属性的取值应该尽可能多样化,尽可能均匀分布。基于上述思路,A. Machanavajjhala 等[7]提出 l-多样性模型(l-diversity)来防止属性链接,其基本思想为同一等价类中至少有 l 个"较好的表现(well-represented)",即每一个 QID 组中的敏感属性至少包含 l 个值。但其假设各种敏感属性值的频度是相似的,如果不相似会造成数据实用性的降低,同时它也不能防止概率推理攻击,因为一个等价组中的某些敏感属性很可能比其他敏感属性出现的频率高,攻击者可推断出组中的某一记录很有可能拥有该属性值。

Li Ninghui[8]发现当敏感属性的整体分布歪曲的时候,l-多样性不能够用来阻止属性链接攻击,他提出 t-closeness 模型对 l-多样性模型进行改进,即要求等价类内敏感属性值的分布与敏感属性值在匿名化表中的总体分布差异不大。t-closeness 利用 EMD(Earth Mover's Distance)函数来测量两种敏感属性分布的接近程度,并且要求这种差异不超过 t。t-closeness 规则可以保证每个等价组中的敏感属性值具有多样性,同时每个等价组的敏感属性值在语义上也不相似,从而阻止相似性攻击。但其有 3 个局限性和缺点:①缺乏灵活性,不能明确不同敏感属性值所对应不同隐私保护水平;②EMD 函数不适用于数值型的敏感属性;③生成 t-closeness 模型会很大程度地降低发布数据的可用性,因为它要求相同等价类中的敏感属性分布相同,这会大大降低准标识属性和敏感属性之间的联系。

3.3.3　表链接攻击

在记录链接攻击和属性链接攻击中,攻击者已经知道目标对象的记录存在于发布表中。然而有些情况下知道目标对象的记录在或者不在表中就已经泄露了目标对象的敏感信息,则认为发生了表链接攻击[80]。

例如,表 3-12 是表 3-13 的子集,则 Tom 在表 3-12 中的概率为 0.75,因为包含准标识符
{Secondary,Male,[1,37]}的记录在表 3-12 中有 3 个,表 3-13 中有 4 个。相似的 Cindy 在表 3-12 中存在的概率为 0.8。

为了防止表链接攻击,M. E. Nergiz 提出了 δ-presence 模型[12],将推断出目标记录存在的概率限制在 $\delta=(\delta_{\min},\delta_{\max})$ 范围内。假设外部公共表 E 和私有表 T,其中表 $T \subseteq E$,如果对于所有的 $t \in E$,$\delta_{\min} \leqslant P(t \in T \mid T') \leqslant \delta_{\max}$,则 T 处理后的结果为表 T' 满足 $(\delta_{\min},\delta_{\max})$-presence。$\delta$-presence 能够间接地防止记录链接和属性链接攻击,因为攻击者确定目标对象在公布的数据表中的概率至少有 $\delta\%$,而记录链接和属性链接攻击的成功的概率最多为 $\delta\%$。虽然 δ-presence 是一个相对安全的隐私保护模型,但它假设数据发布者和攻击者可以访问相同的外部数据表 E,某些情况下这种假设并不实际。

链接攻击的另一个例子:为了保护隐私信息,在发布共享数据表的时候,必须从数据表中删除一些标识符,防止个人信息从数据表中得到非常明确的信息,例如,假设在图 3-6 中的左椭圆表示一个医院的病人的病历信息,在发布的时候则必须删除病人的姓名、地址等标识符才可以公开共享,只包含标识符属性{邮编、出生日期、性别、就诊时间、手术、疾病}。但是仅仅通过上述删除操作并不能完全保证具体的特定病人的其他信息不会因此而泄露。例如,假设在图 3-6 中,右椭圆表示某个地区选民的投票信息,这个数据表信息同样被公开发布,数据表中包含了选民的一些标识符属性{姓名、地址、邮编、性别、出生日期、注册日期、投票日期}。如果两个数据表都被公开发布,对两个表进行链接,则通过公共属性:邮编、出生日期、性别的链接就可以直接链接到某个具体的个人,则很多选民的就医情况被链接推理出来,从而泄露了个人的敏感属性{疾病},导致个人隐私信息的泄露。

可见由于数据表被发布后,数据的提供者既不清楚数据的接受者所拥有的其他资源,也不能对数据的接受者对数据的使用进行控制,很容易泄露个人的隐私信息,因此在数据表发布前,如果不对数据表进行特殊处理,则不能保证数据所有者的隐私信息不被泄露。如何防止重新标识化(re-identification)是我们后续要解决的核心问题。

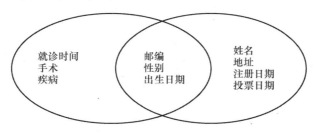

图 3-6　链接攻击

3.3.4　概率攻击

概率攻击以较高的概率判断目标对象敏感属性取值。和上述 3 种攻击模型(记录链接攻击、属性链接攻击和表链接攻击)不同,概率攻击并不关注攻击者可能链接的具体记录、属性和表,而是关注攻击者在数据发布后如何改变他对目标对象敏感信息的概率信念。例如,某公安局发布了一个吸毒人的数据表,攻击者只要确定目标对象在发布的表中,其实就意味着隐私泄露。概率隐私保护模型的目标是尽量减小访问数据前后攻击者的先验概率和后验概率之差,即满足"不提

供信息原则",保证数据发布前后攻击者掌握的信息没什么变化。近几年已有研究关注怎样抵御概率攻击。S. Chawla 等[81] 提出 (c,t)-isolation 概念考虑数据记录之间的距离,其更适合属性为数值类型的数据表。ε-差分隐私保护模型保证移除或添加一个单一的数据记录不会显著影响任意的分析结果。V. Rastogi 等[82] 提出 (d,r)-privacy 概念限制先验和后验概率的差异,并且提供一个关于隐私和信息效用可证明的保证。它们均可以防止攻击者以较高概率推断目标对象的敏感属性取值。

3.4 隐私保护机制的模式

隐私保护机制的模式一般分为交互模式和非交互式模式(interactive and non-interactive)。

在交互式模式(在线查询)可认为是一个可信的机构(如医院)从记录拥有者(如病人)中收集数据并且为数据使用者(如公共卫生研究人员)提供一个访问机制,以便于数据使用者查询和分析数据,即提供一个接口从访问机制返回的结果通常被机制所修改以便保护个人隐私,其框架如图 3-7 所示。当数据分析者通过查询接口提交查询 Q 时,数据拥有者会根据查询需求,设计满足隐私要求的查询算法,经过隐私保护机制过滤后,把含噪音结果返回给用户。由于交互式场景只允许数据分析者通过查询接口提交查询,查询数目决定其性能,所以其不能提出大量查询,一旦查询数量达到某一界限(隐私预算耗尽),数据库关闭。

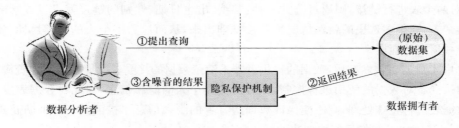

图 3-7　交互模式场景

在非交互式模式(离线发布)的基本框架如图 3-8 所示。数据发布者用特定技术处理后的数据集。数据分析者对发布的数据进行数据挖掘分析,得出噪音结果。非交互式场景主要研究的是如何设计高效的隐私保护发布算法使发布的数据既能够保证数据的实用性还能保护数据拥有者的隐私。

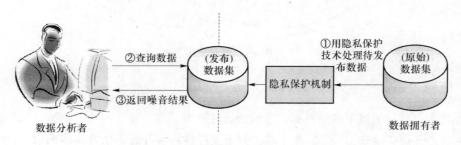

图 3-8　非交互模式场景

二者比较:在交互式框架中,数据所有者从未向研究者公布原始数据,因此他们始终掌控着他们的数据,相对于非交互式框架,访问控制在这种框架中很容易被执行;研究人员也必将从交互式框架中获利,在这框架中,他们现在可以对数据集的所有领域进行灵活的查询;在非交互式框架中,一旦数据被发布,数据所有者将失去对数据的控制。

第4章 隐私保护技术——匿名技术

匿名化是最早提出的隐私保护技术,将发布数据表中涉及个体的标识属性删除之后发布。也就是说,通常情况下,原始数据表不符合特定的隐私保护要求,这些表在发布之前都要进行修改,这些修改是通过对表进行匿名化操作来实现的。匿名化操作有以下几种类型:泛化、抑制、分割、置换和微聚集。本章主要介绍隐私保护技术中的匿名技术,主要包括匿名技术的概念、实现匿名的主要方法、经典的 k-匿名隐私保护策略、k-匿名技术的扩展和 k-匿名的应用。

在 4.1 节将介绍什么是匿名技术和实现匿名的主要方法;在 4.2 节将介绍一种基于匿名技术的经典隐私保护策略 k-匿名;在 4.3 节将介绍 k-匿名技术的扩展;在本章附录 B-2 部分将补充本章相关的几种算法;在附录 B-1 部分中将展示一个实现 k-匿名的框架方便初学者理解 k-匿名的原理。

4.1 匿名技术

将在 4.1.1 节介绍匿名技术的核心思想,4.1.2 节介绍匿名的相关概念,在 4.1.3 节介绍匿名技术中使用的主要方法(泛化、抑制、分割、置换和微聚类)。

4.1.1 匿名技术的核心思想

匿名 L. H. COX[151] 和 T. Dalenius[152] 分别在 1980 年和 1986 年指出在假设必须包含敏感数据的条件下,隐藏数据拥有者个人身份或敏感信息的 PPDP 方法。显然是将数据拥有者的明确标识符必须删除。有时即使去掉了所有的显式标识符,也会暴露敏感信息。

匿名技术的核心是通过对数据的处理使数据无法确定到具体的个人,隐匿数据中的身份信息,如图 4-1 所示。

匿名化处理

图 4-1　匿名处理

4.1.2 匿名技术的基础概念

本节将介绍匿名技术中的基础概念,理解这些概念有助于读者了解隐私保护,理解匿名技术能够提供隐私保护的原因,以及匿名技术中需要处理的对象。

定义 4.1 标识符(Identifier, ID):一张数据记录表中能唯一标识一条记录的属性。如表 4-1 中的病例编号,通过该编号,可以唯一地从所有病例中查找到该条记录,所以病例编号为标识符。数据表的标识符并不唯一,如表中的身份证号码,也是该记录的标识符。

一张简单的原始数据表 T_0,如表 4-1 所示。

表 4-1 原始数据表 T_0

病历编号 (标识符)	姓名 (标识符)	身份证号码 (标识符)	性别	年龄 (准标识符)	身高	疾病 (敏感属性)
4533747	郑峰	612857＊＊＊＊＊＊＊＊323X	男	25	175	乙肝
4533748	王雷	410181＊＊＊＊＊＊＊＊5034	男	33	170	乙肝
4533749	俞晓敏	320684＊＊＊＊＊＊＊＊6415	女	28	158	肺炎
4533750	郭健	430102＊＊＊＊＊＊＊＊3014	男	30	165	艾滋病
4533751	刘建华	370827＊＊＊＊＊＊＊＊327X	女	58	153	高血压
4533752	李硕	460200＊＊＊＊＊＊＊＊5517	男	49	160	糖尿病

定义 4.2 准标识符(Quasi-Identifier, QID/QI):准标识符是一个数据实体集的属性集合中的一组属性,通过该组属性,可以将一条记录从数据表中查询出来。表 4-1 中{性别、年龄、身高}组成了准标识符,通过 3 个属性的组合可以从表中查找出一条记录。如通过

select ＊ from T_0 where 性别 = '男' and 年龄 = '25' and 身高 = '175'

就可以查询到病例编号为 4533747 的整条记录并获取该条记录的敏感属性(疾病)为乙肝。

原始数据表去除标识符后的匿名数据表如表 4-2 所示,表 4-3 为一张外部数据链接表。

表 4-2 去除标识符的匿名数据表 T_1

性别	年龄	身高	疾病
男	25	175	乙肝
男	33	170	乙肝
女	28	158	肺炎
男	30	165	艾滋病
女	58	153	高血压
男	49	160	糖尿病

表 4-3 外部链接数据表 T_2

姓 名	性 别	年 龄	学 历
郑峰	男	25	大学
王雷	男	33	博士
俞晓敏	女	28	高中
郭健	男	30	硕士
刘建华	女	58	小学
李硕	男	49	初中

定义 4.3 泄露(Disclosure):不希望发布的数据或信息被明确地发布出来或通过发布的数据可能间接推断出准确度较高的信息,当发生以上情况时称发生了泄露。

定义 4.4 链接攻击(Link Attack):通过准标识符 QI 将两张或多张数据表链接,提高数据表维度,挖掘数据表中的隐私信息的攻击方式称之为链接攻击。通过对表 T_1 和 T_2 的准标识符的组合(性别、年龄)进行链接操作可以得到表 4-4,在表中原本被匿名的记录重新被标识,完全失去匿名效果,造成了隐私泄露。这就是链接攻击的基本原理。

表 4-4　通过链接得到的数据表 T_{link}

姓　名	性　别	年　龄	身　高	疾　病	学　历
郑峰	男	25	175	乙肝	大学
王雷	男	33	170	乙肝	博士
俞晓敏	女	28	158	肺炎	高中
郭健	男	30	165	艾滋病	硕士
刘建华	女	58	153	高血压	小学
李硕	男	49	160	糖尿病	初中

4.1.3　匿名技术的主要方法

本节将介绍匿名技术中使用的主要方法,基于匿名技术的方法主要包括泛化、抑制、分割、微聚集。其中泛化是匿名技术中的重要方法。

1. 泛化和抑制(Generalization and Suppression)

泛化通常是将 QID 的属性用更概括、抽象的值替代具体描述值。泛化的核心思想就是一个值被一个不确切的值,但是忠于原值的值代替。这里的泛化是指数据泛化(概化),数据库中的数据和对象通常包含原始概念层的细节信息,数据泛化(概化)是将数据库中跟任务相关的数据以较低的概念层次抽象到较高的概念层的过程。也就是用较高层次的概念来代替较低层次的概念。

抑制:抑制是指针对标识符做不发布处理,因为标识符和某些属性有很强的查询能力,所以针对这些属性做抑制处理是比较恰当的选择。有时抑制方法可以降低或减小泛化的代价。

子类和超类、概化和特化的缘由:①子类和超类的概念最先出现在面向对象技术中;②在现实世界中,实体类型之间可能存在着抽象与具体的联系。

定义 4.5　超类型/子类型(Supertype/Subtype):当较低层上实体类型表达了与之联系的较高层上的实体类型的特殊情况时,称较高层上实体类型为超类型,较低层上实体类型为子类型。子类与超类性质如下。

性质 4.1　子类与超类之间具有继承性特点,即子类实体继承超类实体的所有属性,但子类实体本身还可以包含比超类实体更多的属性。

性质 4.2　子类与超类的这种继承性是通过子类实体和超类实体有相同的实体标识符实现的。

这里的泛化是指数据泛化(概化),数据库中的数据和对象通常包含原始概念层的细节信息,据泛化就是将数据库中的数据集从较低的概念层抽象到较高的概念层的过程。

定义 4.6　概化:对数据进行更加概况、抽象的描述,从子类到超类的抽象化过程称为"概化",这是自底向上的概念综合(Synthesis),如"人员"是比"教师""学生"更为抽象、概化的概念。泛化的本质是一个值被一个不确切的值,但是忠于原值的值代替。如用中年代替 26~50 的年龄区间值,用省代替地级市的概念等。

定义 4.7　特化:从超类到子类的具体化过程称为"特化",这是自顶向下的概念发挥(Refinement),如"教师""学生"是比"人员"更为具体、特化的概念。

定义 4.8　泛化层次树/泛化结构树(Generalization Hierarchy Tree/Generalization Structure Tree):泛化层次树是根据泛化对象的层次结构或人为规定的层次结构构建的树形结构,层次树的叶子节点是父节点的特化,父节点是子孙节点的泛化。图 4-2 是 Age 属性的泛化层次树。Age 为 12 可以被泛化为 0~25。

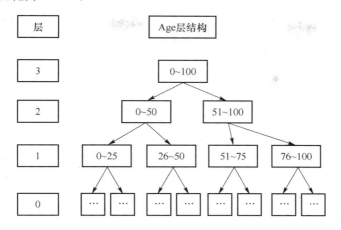

图 4-2　Age 属性的泛化层次树

泛化算法,主要从以下几方面分类:

①　自顶向下的专门化与自下而上的概括(Top-down specialization vs. bottom-up generalization);

②　全局(一维)与局部(多维)(Global (single dimensional) vs. local (multidimensional));

③　完整的(最优)与贪婪(近似)(Complete (optimal) vs. greedy (approximate));

④　基于层次的(用户定义)与分区(自动)(Hierarchy-based (user defined) vs. partition based (automatic))。

数据泛化的前提是数据的属性应有概念层次。数值型的概念层次可以自动提取,给定的概念层次可根据用户的兴趣和任务的不同而进行动态调整。以下是一些泛化策略。

策略 1　在最小分解单位上泛化。单个属性常常是数据集中的最小分解单位,泛化都是在数据集的单个属性上进行的。

策略 2　属性去除。如果一个属性在相关数据集中有大量不同的值,但是在其对应的概念层次树上,没有比该属性更高的概念层,则该属性将被从任务中去除。

策略 3　概念树攀升。如果一个属性在概念层次树上有更高层次的概念,那么在泛化后的数据集中将所有记录的该属性值以高层次的属性值替代。

策略 4　设立阈值。若 A 的取值个数达到这一阈值,则无须进一步概括,否则必须进行进一步的概括。除此之外,我们还可以对泛化表设置一个归纳阈值,如果泛化表的记录数大于该归纳阈值,则进行进一步泛化直到满足这个归纳阈值为止。

根据以上策略可以总结成的基本泛化算法,具体实现如下所示。

算法 1　基本泛化算法[107]

输入:①　一个关系数据集;

②　一个学习任务;

③　一套相关属性的概念层次;

④　每个属性归纳阈值 $t[i]$($i=1$~n,与属性相对应)、一个泛化表归纳阈值 t_2。

输出:泛化后的数据集。

步骤:本算法可以分为两大步:

Step1 根据用户提交的学习任务,从原始的关系数据集中收集与任务相关的属性与数据。生成初始泛化集 GR;

Step2 运行基本的泛化算法产生泛化数据集。

step2 可以细化成如下算法:

```
begin
    for  GR 中的每一个属性 Ai do
    begin
        while  Ai 的不同值的数目>t[i] do
        begin
            if  Ai 在概念层次中有高层次的概念 Then
                将 Ai 的所有值以高层次的概念值取代
            else
                在 GR 中移去 Ai;
                合并同样的记录;
        end;
    end;
    while  GR 中的记录数>t2  do
    begin
        选择泛化属性进一步泛化;
        合并相同的记录;
    end;
end.
```

2. 分割(Data Segmentation)

分割不同于泛化,泛化改变了原始数据的准标识符(QID)值,数据缺损相对较大。而分割技术不改变准标识符(QID)和敏感属性的值,而是通过降低两者之间的联系,进而实现隐私保护。

(1) 方法介绍

数据分割是将完整的数据文件分割成不同的块(表)来存储,文件被分割成 n 块(表),当获取 n 个分块(表)中的任意 k 个完整分块(表)时就能恢复出整个完整的源文件,使用这种方法,最坏情况下当 $n-k$ 个数据块丢失时仍然能恢复出源文件,不足 k 个分块被窃取时,都不能恢复出源文件,从而实现一定的安全性,如图 4-3 所示。

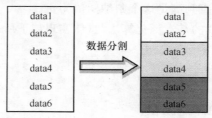

图 4-3 数据分割

例如,数据发布者将待发布的数据集 T_0 分割成两个表,一个是包含准标识符(QID)的表 T_1,一个是包含敏感属性的表 T_2。这两个表中有一个共同属性 GroupID。该技术没有改变原始数据的值,数据实用性高。但是,数据接收者在使用数据时,通过对分割的两个表进行链接会产生多余的记录,而且该方法不适用于连续的数据发布。

（2）相关概念

定义 4.9　分割粒度（Segmentation Granularity）:数据的分割程度。粒度越小每个分段越大,粒度越大每个分段越小。

（3）基本分割方法

方案 1:抽取固定大小的小块数据,设置固定的片段大小,遍历源文件,当读取的缓存等于设定的片段大小时将缓存部分从文件中分割出来。

方案 2:抽取非固定大小的小块数据,片段大小由随机数决定,每个数据片段的大小都是随机数。

3. 聚集和聚类（Micro Aggregation/Clustering）

（1）方法介绍

由于泛化技术和抑制方法中存在不足:①不适合泛化/抑制连续数据发布;②找到最佳的泛化结果需要花费较大的计算代价;③如何确定合适的泛化子集;④如何应用局部/全局的泛化;⑤如何将泛化和抑制最佳结合起来。因此,研究人员提出了聚类的方法。聚集和聚类方法的核心思想是对数据中的不同记录进行分类,每个分类中的数据的属性相同或者相似,不同类的数据不相似,如图 4-4 所示。

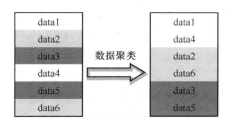

图 4-4　数据聚类

（2）相关概念

定义 4.10　聚类（Micro Aggregation/Clustering）[83]:一个类簇内的实体是相似的,不同类簇的实体是不相似的;一个类簇是测试空间中点的会聚,同一类簇的任意两个点间的距离小于不同类簇的任意两个点间的距离;类簇可以描述为一个包含密度相对较高的点集的多维空间中的连通区域,它们借助包含密度相对较低的点集的区域与其他区域（类簇）相分离。

定义 4.11　组质心（Centroid User Profile ,CUP）:将数据中属性或语义相近的数据合并为一个组,用合成组的信息作为一组数据的代表应用在隐私保护技术中称之为组质心。

（3）聚类算法步骤

聚集或聚类一般需要两步:一是将原始数据集分成具有相似属性的子类,子类至少包含 k 个记录;二是为每个子类计算一个属性值,用这个值代替原始记录,如连续数的平均值、中位数。

（4）聚类算法分类

聚类算法大致可分成 3 类:层次化聚类算法、划分式聚类算法、基于密度和网格的聚类算法。

① 层次聚类算法又称为树聚类算法,它使用数据的联接规则,透过一种层次架构方式,反复将数据进行分裂或聚合,以形成一个层次序列的聚类问题解。层次聚合算法的时间复杂性为 $O(n^2)$,适合于小型数据集的分类。

② 划分式聚类算法需要预先指定聚类数目或聚类中心,通过迭代运算,逐步降低目标函数的误差值,当目标函数值收敛时,得到最终聚类结果。

③ 基于密度的聚类算法,通过数据密度(单位区域内的实例数)来发现任意形状的类簇;基于网格的聚类算法,使用一个网格结构,围绕模式组织由矩形块划分的值空间,基于块的分布信息实现模式聚类。基于网格的聚类算法常常与其他方法相结合,特别是与基于密度的聚类方法相结合。

4.2　基于匿名技术的经典隐私保护策略(k-匿名)

本节将介绍基于匿名技术的经典 k-anonymity(k-匿名)算法,在附录 B-1 中将提供一个 k-匿名的基本框架帮助初学者理解 k-匿名的核心思想。

1. 背景

普通的去除标识符的匿名方法在连接到外部知识时会造成敏感属性泄露,即发生链接攻击。链接攻击是从发布的数据中获取隐私数据的常见方法。其基本思想为:攻击者通过对发布的数据和通过其他渠道获取的数据进行链接操作,来推理出隐私数据,从而造成隐私泄露。数据表的 k-匿名化是数据发布时保护私有信息的一种重要方法,是 1998 年由 P. Samarati 和 L. Sweeney 提出的。

2. 核心思想

k-匿名的核心思想就是设法切断准标识符与敏感属性之间的一对一关系来保护隐私属性。在一个数据表中,一个记录的准标识符至少有 $k-1$ 个记录的准标识符与之相同。换句话说就是,根据准标识符的查询结果至少包含 k 条记录,在准标识符上,任意一条与其他 $k-1$ 条记录无法区分。

3. 相关概念

定义 4.12　k-匿名(k-anonymity)[5,6]:给定数据表 $T(A_1, A_2, \cdots, A_n)$,QI 是与 T 相关联的准标识符,当且仅当在 $T(\mathrm{QI})$ 中出现的每个值序列在 $T(\mathrm{QI})$ 中至少出现 K 次,则 T 满足 k-匿名。$T(\mathrm{QI})$ 表示 T 表的元组在准标识符 QI 上的投影。

基本的 k-匿名算法如下所示。

输入:原始数据表 T_p,匿名参数 k。

输出:满足 k-匿名的数据表 T_k。

步骤:

① 从 T_p 中依次读取 k 条记录;

② 针对原始记录的属性信息对标识符和不希望发布的信息做抑制处理;

③ 针对准标识符中的属性进行泛化,直到 k 条记录的准标识符完全相同,将记录保存到 T_k;

④ 重复①～③步骤,直到数据全部被处理,若剩余的记录不足 k 条做抑制处理。

表 4-2 的 k-匿名($k=2$)处理结果如表 4-5 所示。

表 4-5　满足 $k=2$ 的 k-匿名数据表 T_k

性　别	年　龄	身　高	疾　病
男	25～35	170～175	乙肝
男	25～35	170～175	乙肝
*	25～30	155～165	肺炎
*	25～30	155～165	艾滋病
*	45～60	150～160	高血压
*	45～60	150～160	糖尿病

使用 k-匿名应注意的事项如下所示。

（1）未分类的匹配攻击（无差别匹配攻击）

问题：记录出现在发布的表中的顺序与隐私表中的顺序相同，容易造成 k-匿名失效。如图 4-5 所示，T_p 为原始数据表，T_1 和 T_2 为 T_p 的两个发布版本，当 T_1 和 T_2 同时存在时，将两张表直接复合就能得到原始数据表，造成匿名失效。

年龄	身高
25	175
33	170
28	158
30	165
58	153
49	160

T_p

年龄	身高
25~35	175
25~35	170
25~30	158
25~30	165
45~60	153
45~60	160

T_1

年龄	身高
25	170~175
33	170~175
28	155~165
30	155~165
58	150~160
49	150~160

T_2

图 4-5　未分类的匹配攻击

解决方法：发布前，随机打乱记录的顺序，防止各个版本的数据顺序相同，然后再发布。

（2）补充发布的攻击

问题：发布不同版本的数据表链接在一起，可导致 k-匿名的失效。

解决方法：新发布数据表时，考虑以前的发布版本，尽量避免链接。但其他数据持有人可能发布一些数据使用这种方法进行攻击，一般来说，这种攻击是很难被完全禁止的。

（3）临时攻击

问题：增加和删除记录，可导致 k-匿名的失效。

解决方法：删除和增加记录时重新考量是否满足 k-匿名，尽量避免删除和增加记录。这种攻击是很难被完全禁止的。

4.3　k-匿名的扩展

4.3.1　l-多样性

1. 背景

针对 k-匿名的同质攻击。一个 k-匿名模型，如果在一个等价类缺乏敏感属性值的多样性,同时攻击者知道背景知识时,则遭到针对敏感属性信息的披露,即同质性攻击,如表 4-6 所示,虽然该数据满足 2-匿名,但是 1 和 2 两条记录的敏感属性均为乙肝,这样同样会造成隐私泄露。

表 4-6 同质攻击

性 别	年 龄	身 高	疾 病
男	25～35	170～175	乙肝
男	25～35	170～175	乙肝
*	25～30	155～165	肺炎
*	25～30	155～165	艾滋病
*	45～60	150～160	高血压
*	45～60	150～160	糖尿病

同理,如图 4-6 所示,同质攻击:已知 Bob 的背景知识(姓名＝Bob,Zipcode＝47678,Age＝27),容易识别出 Bob 患病为 Heart Disease。背景知识攻击:已知 Umeko(日本人名)的背景知识(姓名＝Umeko,Zipcode＝47673,Age＝36),很容易识别出该人所患病为 Cancer 的概率极大。

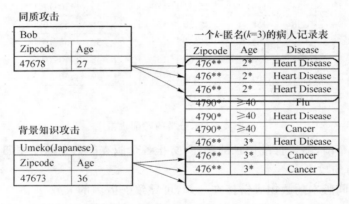

图 4-6 同质攻击和背景知识攻击实例

k-匿名的安全缺陷如下所示。

① k-匿名创建的准标识符等价组会在敏感属性上缺乏多样性的情况下泄露信息(不能抵御同质攻击)。

② k-匿名的方法不能抵制来自于背景知识的攻击。

③ 没有区分敏感属性值保护度问题。很多情况下,敏感属性值的敏感度强弱都不相同。如艾滋病与癌症的敏感度要远远大于流感,往往人们都不介意别人知道自己得了流感、消化不良等疾病,但是对于癌症或者艾滋病病人来说,他们却希望保密,因为这会严重影响他们的生活以及别人对他们的看法,所以对于癌症与艾滋病等高敏感度的属性而言,要提供更强的保护力度。以前的隐私保护模型都没有考虑敏感属性的敏感度的问题,在匿名化过程中把它们都统一对待,这显然无法达到保护隐私的目的,在某些情况下,它还是会造成隐私泄露。这一问题在 4.5 节中得到改善。

2. 核心思想

l-多样性是基于降低数据表示粒度以达到匿名保护的隐私保护方法。这种降低是一个折衷，其导致数据管理或挖掘算法的有效性的一些损失，从何提高隐私保护。l-多样性模型是k-匿名模型的扩展，k-匿名使用泛化和抑制降低数据表示的粒度，使得任何给定的记录映射到其所在数据集上至少k条其他记录。l-多样性模型处理一些k-匿名模型的弱点，特别是当在一些等价组敏感属性缺乏多样性时。在k-匿名准标识符等价组的基础上，l-多样性要求每个等价组的敏感属性必须包含l个不同的且表现良好的取值。

3. 相关概念

定义 4.13　l-多样性（l-diversity Principle）：给定数据表 $T(A_1, A_2, \cdots, A_n)$，QI 是与 T 相关联的准标识符，对 T 进行k-匿名处理后，每个k-匿名等价组中的敏感属性至少包含l个表现良好的取值，则 T 满足l-多样性。

l-多样性匿名策略的安全缺陷如下所示。

（1）l-多样性存在属性泄露的可能。l-多样性要求等价组内敏感属性值要满足有l个不同的敏感属性值，但可能出现这种情况：一个等价组内的敏感属性的值可能不相同，但是它们可能传达同样的信息。例如，两条记录 A 和 B，它们在同一个等价组中，A 的疾病属性值为肺癌，B 的疾病属性值为肝癌，它们具有不同值，但可以明显看出它们都患有癌症，依然泄露了隐私。如图 4-7 所示，Bob 的 Salary（薪水）在 20 000 和 40 000 之间，Bob 患了与胃病相关的病，因为 Gastric Ulcer（胃溃疡）、Gastritis（胃炎）、Stomach Cancer（胃癌）语义相似。针对该问题在 4.5 节中进行了改进。

（2）l-多样性不能防止概率推理攻击，由于一个等价类（组）中的某些敏感属性很自然地比其他敏感属性的频率高，这使得攻击者能够得知组中的某一记录很有可能拥有该属性值。如 Flu 相对 Cancer 更为常见。

另外，l-多样性在攻击者利用一个属性的数据值的全球分布，推断等价组中的敏感数据值时，可能造成敏感属性的泄露。

（3）l-多样性要求较高，当敏感属性分布不均匀时，实现起来困难，甚至是难以实现。这也是l-多样性的局限性所在，它假设各种敏感属性值的频度是相似的。

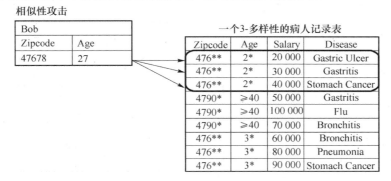

图 4-7　相似性攻击实例

4.3.2　t-closeness

1. 背景

由于k-匿名和l-多样性两种匿名策略存在各自的不足，LI Ninghui[8] 提出了一个新的隐

私概念称为 t-closeness 匿名策略,这要求一个敏感的属性分布在任何属性接近的等价类整体分布的属性表。

2. 核心思想

t-closeness 是 l-多样性匿名技术的进一步改进,用于通过减少数据表示的粒度保持数据集的隐私。这种降低导致数据管理或挖掘算法的有效性的一些损失。t-closeness 模型通过分析敏感属性数据值在整体数据中的整体分布使得在等价组中的敏感属性也近似满足整体分布。即发布的数据在满足 k-匿名化原则的同时,还要求等价类内敏感属性值的分布与敏感属性值在隐私化表中的总体分布的差异不超过 t,则这个分组就满足 t-closeness,如果所有的分组都满足,那么发布的数据表 T 就满足 t-closeness。

3. 相关概念

定义 4.14 t-closeness:如果一个表的敏感属性在这个等价类中的分布与敏感属性在整个表的分布之间的差异不超过阈值 t,则称该分组满足 t-closeness,如果所有的等价类(分组)都满足,那么发布的数据表 T 就满足 t-closeness。

4. t-closeness 匿名策略

t-closeness 在 l-多样性的基础上,考虑了敏感属性的分布问题,它要求所有等价类中敏感属性值的分布尽量接近该属性的全局分布。敏感属性在等价类中的分布与在整个表的分布之间的差异,一般采用的是 EMD 距离来衡量两种敏感属性分布的接近程度,并且要求这种差异不超过 t。

EMD 距离(Earth Mover's Distance,EMD)是用来衡量转化一个分布到另一个分布之间的移动所需要最少的工作量。设有如下两个分部 $P=(p_1, p_2, \cdots, p_m)$,$Q=(q_1, q_2, \cdots, q_m)$,则

$$\text{EMD}(P,Q)=\text{WORK}(P,Q,F)=\sum_{i=1}^{m}\sum_{j=1}^{m}d_{ij}f_{ij}$$

其中 d_{ij} 是 p_i 与 q_i 分布距离,f_{ij} 是 p_i 移动到 q_i 所需最小的工作量。

t-closeness 匿名策略流程图如图 4-8 所示。

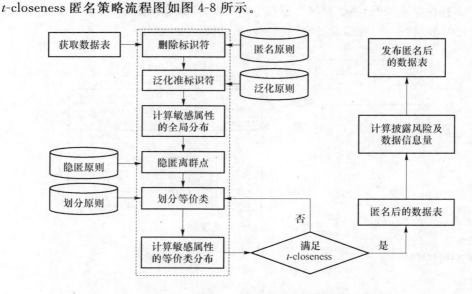

图 4-8 t-closeness 匿名策略流程图

在选取合适的参数 t 的情况下,发布的数据能够有效地阻止身份泄露和属性泄露,如表 4-7 所示,它是采用 t-closeness 策略的分组效果,每个等价组内敏感属性都没有意义相似,避免了属性泄露,安全性相对更高,当选择 $t=0.2$ 时,数据质量有所下降。

表 4-7　t-closeness 数据表($t=0.167, k=3$)

序　号	邮　编	年　龄	工　资	疾　病
1	4767 ***	≤40	3 000	胃溃疡
3	4767 ***	≤40	5 000	胃癌
8	4767 ***	≤40	9 000	肺炎
4	4790 ***	≥40	6 000	胃炎
5	4790 ***	≥40	11 000	流感
6	4790 ***	≥40	8 000	支气管炎
2	4760 ***	≤40	4 000	胃炎
7	4760 ***	≤40	7 000	支气管炎
9	4760 ***	≤40	10 000	胃癌

t-closeness 的优点是解决了针对敏感属性值的偏斜性攻击和相似性攻击。

LI Ninghui 在文献中指出 t-closeness 对属性泄露的保护,但不涉及身份披露。因此,可能需要在同一时间使用 t-closeness 和 k-anonymity 两种隐私保护策略。

t-closeness 的不足和局限性:①t-closeness 涉及均匀性,无法保证对 k-anonymity 的背景知识攻击永远不会发生;②t-closeness 隐私化的结果是降低了数据发布后的可用性,因为它要求相同等价类中的敏感属性分布相同或相近,增大阈值 t 是提高发布数据可用性的唯一办法;③t-closeness 缺乏明确不同敏感属性值所对应不同隐私保护水平的灵活性;④EMD 函数不适用于数值型的敏感属性。

4.3.3 (X, Y)-匿名模型

(X, Y)-匿名指定 X 的每一个值都对应着至少 k 个 Y 值。k-匿名是(X, Y)-匿名的一种特殊情况,当 X 是 QID 并且 Y 是能够唯一确定个体的主要属性,这里 X 和 Y 是属性不相交的集合。(X, Y)-匿名为满足不同的隐私保护需求提供了一种统一的灵活方法。如果 X 的每一个值描述一组个体(如 $X = \{\text{Jack}; \text{Sex}; \text{Age}\}$)并且 Y 代表敏感属性(如 $Y = \{\text{Salary}\}$),这意味着每一组对应着各不相同的敏感属性集合,使得推断敏感属性变得困难。

4.4　隐私模型比较

由于背景知识的不确定性,在数据发布过程中隐私泄露不能完全避免,截至目前,还不存在完美的隐私保护模型。在这一节中,将介绍研究者已经发布的隐私保护模型,以及与其能够抵御的攻击模型进行对比。表 4-8 总结了已发布隐私模型的进攻模式。隐私保护模型在选择时应根据具体的应用场景和用户提出的隐私要求而定,没有一种模型可以避免所有可能的隐私攻击。

表 4-8　隐私模型

保护模型	能防御的攻击模式				文　献
	记录链接	属性链接	表链接	概率攻击	
k-anonymity	√				[6]
(X,Y)-privacy	√	√			[85]
MultiR k-anonymity	√				[86]
l-diversity	√	√			[7]
(a,k)-anonymity	√	√			[16]
(k,e)-anonymity		√			[84]
t-closeness		√		√	[8]
δ-presence			√	√	[12]
(c,t)-isolation	√			√	[81]
ε-differential privacy			√	√	[19]
(d,γ)-privacy			√	√	[82]
distributional privacy			√	√	[87]
confidence bounding		√			[148][149]
(ε,m)-anonymity		√			[88]
personalized privacy		√		√	[17][89][90][116]

4.5　k-匿名的应用：基于k-匿名的个性化隐私保护方法

本节针对其全域与局域算法的不足进行了研究，主要工作如下[90]。

① 基于 k-匿名的思想提出了自顶向下个性化泛化回溯算法及其拓展算法，实现数据匿名化。即结合了 l-多样性和 (s,d) 个性化的规则，动态构建泛化树结构，用户能够自定义隐私的安全等级，使相似的安全等级尽量分离，从而保证信息的可用性和安全性，可有效防止同质攻击、背景知识攻击。

② 用户个性化程度高，即用户可以自定义规则、属性权重等。

③ 信息量损失小且算法响应时间短。通过对比诸多文献的算法效率得出此结论。

④ 系统提供各种模型的信息量和分布统计，以图表的形式呈现给用户，给用户直观的感受。同时，提供了 * . txt，* . xls，* . mdb 等常用数据格式文件的接口。

基于上述思想，在 J2SE 平台上开发了数据发布的隐私保护系统，并对系统进行了全面的测试，实验数据表明该算法的有效性，提高安全性的同时，有效地保证信息的可用性。

4.5.1　研究背景

信息资源和信息共享为人们的生活和工作提供了极大的便利，但是同时也带来了巨大的风险和隐患，从数据中提取隐含的、未知的、具有潜在价值的信息和知识越来越容易，这对于隐私信息的泄露是一个极大的挑战。怎样在保证数据资源信息共享的同时，又防止潜在的隐私信息泄露是研究者们面临的一个重要研究课题[2]。k-匿名技术为解决信息共享中所面临的隐私信息泄露问题提供了良好的保障。k-匿名的研究不仅具有很高的理论研究价值,而且在如医疗系统、数据挖掘、视图发布等领域也具有很高的实际应用价值。匿名的概化实现算法上有全域算法和局域算法两类[2,91]。在全域算法中,每个准标识属性的取值要求概化到概念层次树的同一层次。但是全域算法通常会过度概化,从而损失了更多的信息。局域算法放弃了这一要求,准标识属性的取值可以概化到不同层次。但又面临运行速度慢、NP 难题、对不连续数据处理能力差等困难。

4.5.2　相关研究

在一个最新调查中[2],隐私保护数据绝大部分的工作都致力结构化或列表式数据。数据匿名的目标之一是设计一种隐私保护模型,绝大多数实用模型都考虑特定攻击和假设攻击者有有限的背景知识。如 P. Samarati 和 L. Sweeney[4,5] 提出了 k-匿名模型,它要求发布表中的每个元组都至少与其他 $k-1$ 个元组在准标识属性上完全相同,能防止身份暴露(常导致属性暴露)。A. Machanavajjhala 等[7]进一步提出了 l-多样化模型,它要求每个准标识分组中至少包含 l 个不同的敏感属性取值,这一模型扩展了 k-匿名模型,对敏感属性的多样化提出了要求,并对敏感属性的多样化给出多种不同的解释。这一模型能防止直接的敏感属性泄露。Li Ninghui等[8]提出的 t-closeness 模型,它要求每个等价类的敏感值的分布要接近于原始数据表中敏感属性的分布,这一模型能防止直接的敏感属性泄露。

上述模型都是首先删除身份标识属性,然后对准标识属性进行概化。匿名的概化实现算法上有全域算法和局域算法两类。全域算法如表 4-9 所示,最有代表性的当属 OLA(Optimal Lattice Anonymization)[2,92],它是一种全域最优的 k-匿名算法,采用了二分遍历的方法,算法速度快。但是 OLA 算法有几个不足:①全域泛化是在整个属性列上进行的泛化,导致整体数据往往会因为全域数据的特殊性而提高泛化等级,从而损失大量的信息;②在判断一个节点是否满足 k-匿名节点与比较满足 k-匿名所有节点的信息量上耗时很长;③需要预先定义泛化树结构。局域算法中准标识属性的取值可以概化到不同层次。有代表性的局域算法如表 4-10 所示[2,34,89,93,115]。

表 4-9　全域泛化算法

算　法	作　者	特　点	缺　点
Datafly	L. Sweeney,1998 年	自底向上的全局泛化。将视图在标准符上的投影作为子表进行处理,并循环:当子表中不满足匿名约束的记录数大于 k 时,将子表中不同属性值个数最多的属性进行概括;循环结束后将剩余的不满足匿名约束的记录隐匿	泛化和隐匿是针对整个元组中和属性相关的所有值,结果数据失真就比较大,给出的结果也不够精确
μ-Argus	A. Hundpool,1996 年	自底向上的全局泛化。先分别对表中的每个属性进行匿名化,然后检查各个属性组合是否满足匿名,对不满足的再选择某个属性进行概括 对确定变量的低维组合进行重新编码和局部隐匿,不安全的属性组合被泛化或者通过单元隐匿来去除	在处理属性组合比较多的情况下,不能对发布数据提供足够的保护

算 法	作 者	特 点	缺 点
MinGen	L. Sweeney,2002 年	自底向上的全局泛化。先找出原始表所有满足匿名约束的概括表,再从中求出具有最高精度的匿名表 最大限度地保证泛化后满足 k-匿名模型的要求,能够对单元的数据进行泛化,泛化的结果失真较小	在表的规模比较大的时候,对表的所有可能元组的泛化是无法实现的
Incognito	K. Lefevre,2005 年	自底向上的全局泛化。先做出对每个属性进行不同层次全域概括的概括层次图,然后在该图中利用由下向上的深度优先算法找出所有的满足匿名约束的概括表 致力用泛化和抑制元组技术找到有效的 k-匿名	没有发现发布的数据在满足 k-匿名的特性后,也有泄露敏感信息的可能
Classfly	刘向宇,2005 年	先将发布视图在准标识符上的投影表中满足 k-匿名约束的元组过滤出去,再对剩余元组中不同属性值个数最多的属性进行概括	约束集高的时候信息损失量大
OLA	EMAM,2009 年	全局最优算法,利用二分遍历的算法,算法速度快	遇到局部信息的特殊性的时候信息损失量大

表 4-10　局域泛化算法

算 法	特 点	缺 点
GA	保证 k-匿名的特性	所有该近似算法的实际运行时间很慢
自顶向下特化	利用信息熵的来计算信息损失,递归修剪分类树直到满足 k-匿名需求为止	需人为先确定划分标准,对数据匿名产生的结果有很大影响,常常会出现分类错误,导致发布数据无效
最优 k-匿名	采用最小直径和(两个元组间属性值不同的属性个数为直径)方法,给出了概括单元数为最小概括 $O(Klogk)$ 倍的近似算法	NP 难题
由上到下的优化 k-匿名	采用(属性值不同的属性)最小直径和方法,给出了概括单元数为最小概括 $O(k)$ 倍的近似算法。	NP 难题
多维空间划分	只能对连续属性划分	对不连续属性处理能力较差

　　虽然局域算法信息量保留比全域算法大,但是又面临运行速度慢、NP 难题、对不连续数据处理能力差等困难,算法的可用性得不到保障。针对 OLA 算法以及局域泛化算法信息损失大、时间长、需预定义泛化标准等问题,设计了自顶向下个性化泛化回溯算法及其拓展算法。

4.5.3　基于 k-匿名的个性化泛化算法及其拓展算法

1. k-匿名主要实现方法

　　k-匿名隐私保护一般采用的是泛化技术或泛化与隐匿相结合的技术。泛化是指一个值被一个不确切的值,但是忠于原值的值代替。泛化结构树可以根据属性的连续性或者用户背景知识定义,如图 4-2 所示,Age 属性是连续的,可以通过数字的连续性进行泛化层的定义,Age 为 12 可以被泛化为 0～25。如图 4-9 所示,Adress 属性的泛化树,通过省、市、区所属辖区进行泛化层定义。

Province：BJ(北京)　　　JS(江苏)

City：　　BJ(北京)　　　CZ(常州)　　　NJ(南京)　　　NT(南通)

Area：　　HD(海淀区)　　CY(朝阳区)　　TN(天宁区)　　ZL(钟楼区)＋　　＋＋

隐匿[2]是指匿名表中的数据直接删除,这样会减少匿名表中的信息量,但是在某些情况下能够减少泛化数据的损失,达到相对较好的匿名效果,很好保证发布数据的安全性。

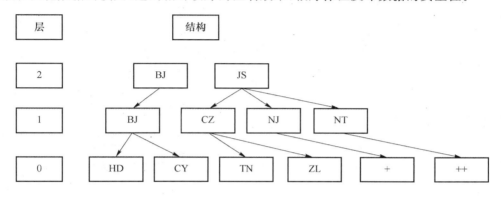

图 4-9　Adress 属性的泛化树

2. 基于 k-匿名模型的个性化泛化算法设计与实现

（1）算法设计思想

针对 k-匿名全域以及局域算法的局限性,提出自顶向下个性化泛化回溯算法及其拓展算法,对记录属性更好地划分,在保证信息量的同时,动态构造属性泛化树,大大提高运行的速度。并且对算法拓展以满足 (l, k)-匿名[94]模型以及 (s, d) 模型[18,95]的需求。算法运用了如下一些性质。

性质 4.3　父节点相同的前提下,只要子节点满足 k 值,则由父子节点构成的数据也满足 k 值。

性质 4.4　在实现 k-匿名的过程中,数据的信息量单调递减,直到最终实现 k-匿名。

性质 4.5　泛化列的顺序根据总记录各个属性不同属性值的个数由小到大排序生成。

基于 k-匿名模型的个性化泛化算法的实现流程,如图 4-10 所示。

流程说明：

① 当前列分类后满足 k 值的记录集合就推进到下一列进行 k 值判断;

② 当前列不满足 k 值的记录集合存入仓库中;

③ 当前列所有记录判断完,检查仓库记录的数量是否大于等于 k,如果大于等于 k 进行列标记,然后状态同操作①,如果记录数量小于 k,则将记录返回存入到前一列的仓库中;

④ 推进到最后一个列,如果数量大于等于 k,则将记录中被标记的列泛化满足 k-匿名要求,小于 k 则同操作②。

（2）算法举例

关系数据库是当今社会主流的数据库模型,良好地处理了数据之间的关系。为说明对关系数据库表的隐私保护,构造了一个简单的数据库模型如图 4-11 所示,将 Patient 表、Address 表链接在了一起。表 4-11 是一张详细病人信息表,其中 Id 为标识符,Age、Address 为准标识符,Disease 为敏感属性,关联的 Address 表的内容已经填充到了 Patient 表中,现在对这张表进行 k-匿名隐私保护处理,令 $k=2$。

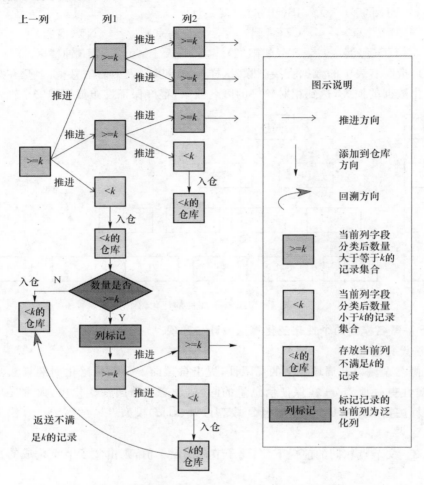

图 4-10　自顶向下个性化泛化回溯算法流程

基于 k-匿名的自顶向下个性化泛化回溯算法,对 Patient 表处理流程如图 4-12 所示,其中①～⑨为处理顺序。

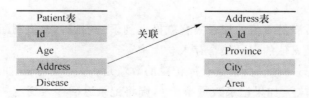

图 4-11　病人基本信息关系图

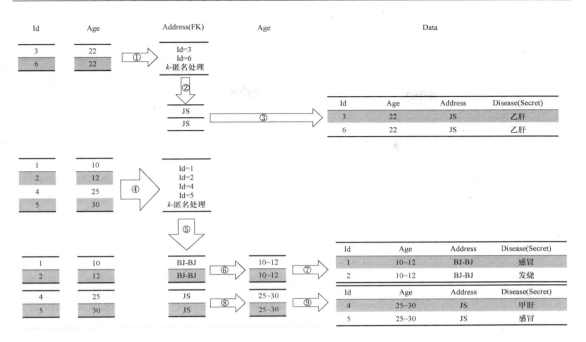

图 4-12　Patient 表的处理流程

Patient 表的处理流程说明：①对 Age 属性进行 k 值的判断，数据被分成了[3,6]、[1,2,4,5]两组；②记录[3,6]随后判断 Address 属性 k 值满足情况，最后满足输出结果；③Address 是复合属性，可看作一个有序序列表，如表 4-12 所示，可以递归地进行 k-匿名的判断，记录[3,6]在 Address 表中 k-匿名处理是从 Province 列→City 列→Area 列，结果如表 4-13 所示，到达最终列，记录[3,6]泛化结束；④记录[1,2,4,5] Age 列不满组 k 值，所以要列标记，存放在 Age 列仓库，推进到 Address 列，进行 k 值判断，结果如表 4-14 所示，记录[1,2]、[4,5]分别将标记列泛化，Age 属性具有连续性，因此可以直接连接数字作为新的范围，如图 4-13 所示；⑤Patient 表匿名处理结果如表 4-15 所示。

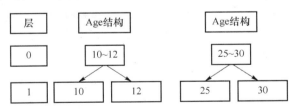

图 4-13　Age 属性的泛化层次树

表 4-11　Patient 表

Id	Age	Address	Disease(Secret)
1	10	BJ-BJ-HD	感冒
2	12	BJ-BJ-CY	发烧
3	22	JS-CJ-TN	乙肝
4	25	JS-CJ-ZN	甲肝
5	30	JS-NJ-＋	感冒
6	22	JS-JT-＋＋	乙肝

表 4-12　展开的 Address 属性

A_Id	Province	City	Area
1	BJ	BJ	HD
2	BJ	BJ	CY
3	JS	CJ	TN
4	JS	CJ	ZL
5	JS	NJ	＋
6	JS	NT	＋＋

表 4-13	记录[3,6]Address 列 *k*-匿名 (*k*=2)处理结果		
A_Id	Province	City	Area
3	JS	*	*
6	JS	*	*

表 4-14	记录[1,2,4,5]Address 列 *k*-匿名处理		
A_Id	Province	City	Area
1	BJ	BJ	*
2	BJ	BJ	*
4	JS	*	*
5	JS	*	*

表 4-15　Patient 表 *k*-匿名处理

Id	Age	Address	Disease(Secret)
1	10～22	BJ-BJ	感冒
2	10～22	BJ-BJ	发烧
3	22	JS	乙肝
4	25～30	JS	甲肝
5	25～30	JS	感冒
6	22	JS	乙肝

（3）算法代码实现

自顶向下回溯算法的实现，如图 4-14 所示。满足条件记录推进下一列，不满足则回溯到上一列，最终将标记列泛化处理。

```
输入:col,要泛化的列;rs,要实现 k-匿名的数据;k,要达到的 k 值
输出:不满足 k-匿名条件的记录

public List<Record> loopSimple(int col,List<Record> hs,int k)  //递归推进泛化各个列
{ if(col == ai.size())
{ splitListRecord(hs,k); //递归实现列泛化,最终实现数据 k-匿名
  return new ArrayList<Record>(); }
//存储不满足 k 的数据
collection<List<Record>> cr = checkSort(col,hs,k); //对记录当前列进行统计
List<Record> temp = new ArrayList<Record>();
for(List<Record> lsr : cr) //测试所有组合
  { int n = lsr.size();
    if(n<k) { temp.addAll(lsr); }
    else { temp.addAll(loopSimple(col+1, lsr,k));}
  }
if(temp.size() >= k)
{ setFlag(col,true);
  temp = loopSimple(col+1,temp,k);
  setFlag(col,false); //标记当前列为泛化列   }
return temp;
  }
```

图 4-14　自顶向下回溯算法

（4）算法拓展

① k-匿名分布拓展

自顶向下回溯算法虽然保证了数据原始信息最大化保留,但是实验结果分析 k 值的分布还是不均匀,$k=3$ 的情况有的数据块数量能达到 50 以上,为使 k 值分布均匀,将满足条件的 k-匿名数据分块,范围在 $k\sim2k$ 之间,然后再对标记列泛化,实验表明这样可有效地防止数据块不均匀的问题,过程如图 4-15 所示。

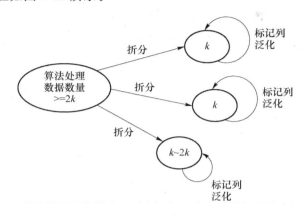

图 4-15　数据块拆分泛化

② (l, k)-匿名拓展

假设攻击者知道了某 A 的基本信息为年龄为 22,地址住在 JS-CJ-JT,虽然在表 4-16 中可以找到两条模糊的记录[3,6],但是因为敏感信息一样仍然可以推断 A 得了乙肝。k-匿名模型存在缺陷,无法防御同质攻击[7]。因此我们添加了自顶向下回溯算法的判断模块,校验了推进记录私密信息种类是否满足 l-多样性,增强了数据发布的安全性,流程如图 4-16 所示。

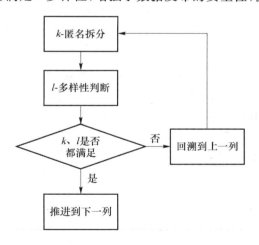

图 4-16　满足 l-多样性的自顶向下回溯算法

③ (s, d)-个性化模型拓展

即使已经实现了 (l, k)-匿名,在某些情况下,发布数据中的隐私仍然可能被泄露。表 4-17 中两条记录疾病一个为肺癌,一个为肝癌,很明显地可以看出两个人都是得了癌症,这样依然泄露隐私。

<table>
<tr><th colspan="4">表 4-16   k-匿名处理后的隐私发布表</th></tr>
</table>

ID	Age	Address	Disease(Secret)
3	22	JS	乙肝
6	22	JS	乙肝

<table>
<tr><th colspan="4">表 4-17   隐私泄露记录</th></tr>
</table>

Id	Age	Address	Disease(Secret)
1	10～12	BJ-BJ	肺癌
2	10～12	BJ-BJ	肝癌

针对上述问题,我们借鉴了 (s, d)-个性化匿名模型,扩充了 (l, k)-匿名算法,让用户能够自定义隐私的安全等级,使相似的安全等级尽量分离,从而更有效地达到数据发布中的隐私保护,拓展后的自顶向下个性化泛化回溯算法流程如图 4-17 所示。

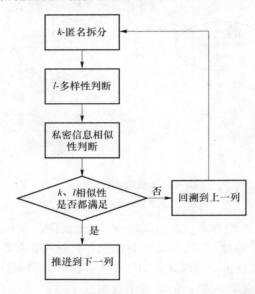

图 4-17   拓展后的自顶向下个性化回溯算法流程

3. 系统设计

（1）系统设计的框架

图 4-18 介绍了系统整体框架图,显示了系统的主要功能,包括自定义规则的导入、隐私保护模型的 3 种选择以及数据分析等操作。其中项目创建完后会生成配置文件,方便下次继续导入使用,表的导入导出提供常用的 txt、xls、mdb 接口实现。

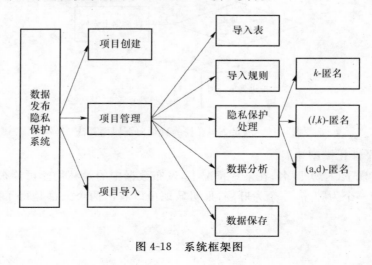

图 4-18   系统框架图

（2）系统流程

① 主界面

登录系统后,展现给用户的是数据泛化系统的主界面,主界面分为三部分:工具栏、项目目录区以及泛化后的数据展示区,具体如图 4-19 所示。

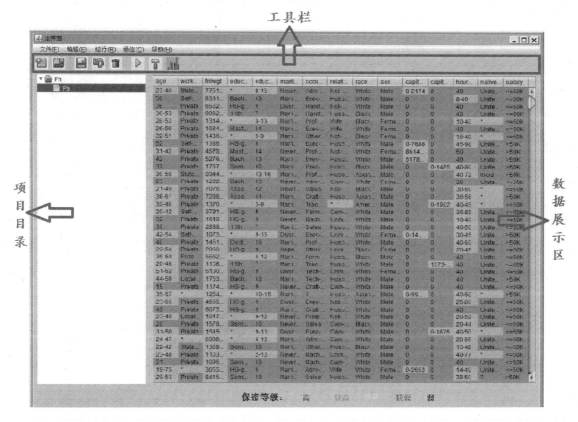

图 4-19　主界面

② 工具栏介绍

图 4-20 主要说明系统便捷工具栏的操作,下面分别介绍系统主要功能。

图 4-20　工具栏介绍

③ 新建项目

首先新建项目界面如图 4-21 所示,然后在项目中加入要处理的表;单击"确定",进入到初始化界面,如图 4-22 所示,初始化表的各个字段的数据类别,设置敏感属性,并且自主设置权重,项目的配置信息主要存放在一个 txt 文件中,下次导入项目只要导入配置文件即可。接下来导入要处理的数据,如图 4-23 所示。

图 4-21　新建项目界面

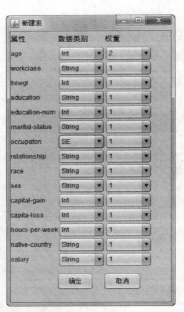

图 4-22　初始化属性类别以及权重

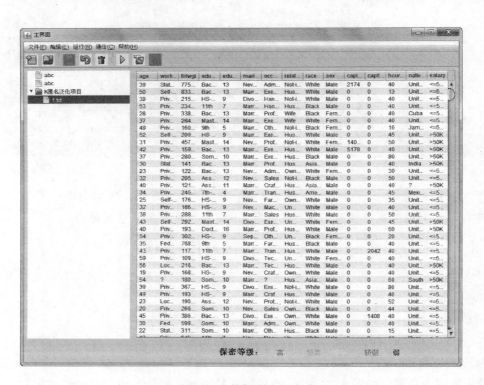

图 4-23　数据导入成功

④ 导入规则

用户可以导入自定义的属性泛化层次,来实现各自的需求。自定义的属性泛化层次必须满足一定格式,属性名字加上泛化树结构,最后用空行隔开,泛化树中属性值有相同的父节点用空格隔开,不同的父节点用"\t"隔开,结构如图 4-24 所示。

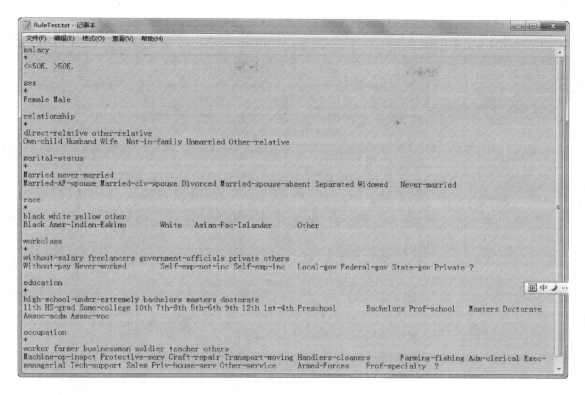

图 4-24 泛化规则定义

⑤ 隐私保护处理

对于不同的模型要有不同的输入,若选择 k-匿名,则只要输入 k 值,如图 4-25 所示。若选择 (l,k) 模型,则输入 k 与 l 值。隐私保护模型选择完成后,单击"开始处理",按照预定算法进行处理,处理结果如图 4-26 所示。

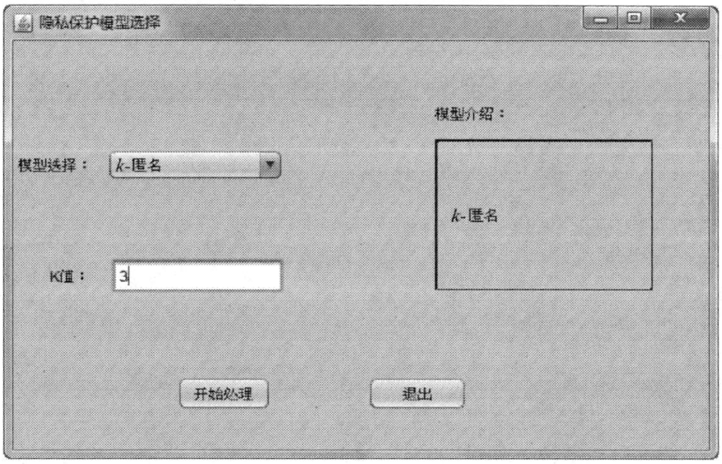

图 4-25 隐私保护模型选择

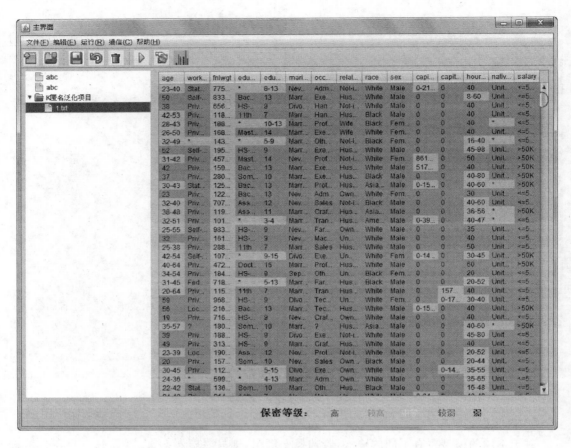

图 4-26　$k=3$ 的处理结果

⑥ 保存结果

为方便发布,可以选择多种格式的数据(＊．xls、＊．txt、＊．mdb)进行保存,图 4-27 为 Excel 保存方式,图 4-28 为保存结果。

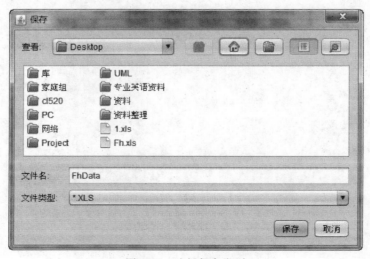

图 4-27　选择保存类别

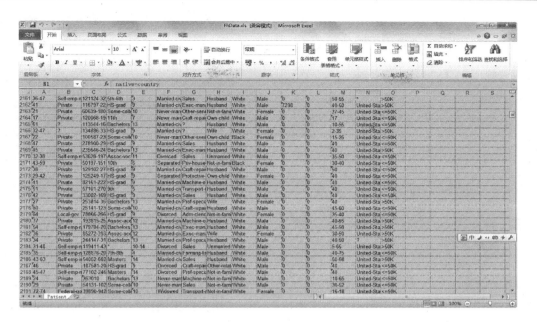

图 4-28 保存结果显示

4.5.4 实验与分析(性能测试)

1. 实验环境

实验平台使用 Java 实现,使用的操作系统为 Windows 7。实验数据:来源于美国 UCI 机器学习仓库的 Adult 数据库[96],我们选择 15 个属性,每个属性中不同值的数量、泛化类型以及泛化等级如表 4-18 所示。对数据集中空值,用该属性中出现次数最多的值来替换,数据集中处理后共有记录 32 561 条。表中数据泛化类型中 Auto 为系统最后自动生成结构树,Default 为系统默认操作只有一层,原始数据用"＊"作为父节点。在 Adult 数据集测试中,选用 Occupation 为私密属性。

实验初始设置:首先导入数据,同时导入用户自定义的属性泛化层次(必须满足一定格式)来实现各自的需求;其次设置数据属性的权重。

表 4-18 Adult 数据集描述

序 号	Attribute (属性)	Data Type (数据类型)	Distinct Values (不同的值)	Generalization Style(泛化类型)	Generalization Height(泛化层数)
1	Age	Int	73	Auto	Auto
2	WorkClass	String	9	Default	1
3	Fnlwgt	Int	21 648	Auto	Auto
4	Education	String	16	Default	1
5	Salary	String	2	Default	1
6	Education-num	Int	16	Auto	Auto
7	Matrital-status	String	7	Default	1
8	Relationship	String	6	Default	1

序 号	Attribute（属性）	Data Type（数据类型）	Distinct Values（不同的值）	Generalization Style（泛化类型）	Generalization Height（泛化层数）
9	Race	String	5	Default	1
10	Sex	String	2	Default	1
11	Capital-gain	Int	119	Auto	Auto
12	Capital-loss	Int	92	Auto	Auto
13	Hours-per-week	Int	94	Auto	Auto
14	Native-country	String	42	Default	1
15	Occupation	String	15	—	—

2. 测试内容

（1）执行时间的测试

① k-匿名

通过实验仿真分析 k-匿名模型的算法执行时间。观察数据测试在 k 值相同（Occupation，私密）的情况下，系统运行时间与信息量剩余随数据量的变化而呈现的规律，测试数量分别为 5 000,10 000,15 000,20 000,25 000,30 000，仿真结果如图 4-29 所示。同时还测试了等数据量下系统执行时间，结果显示，整体趋势随着 k 值的增加，时间是递增的规律，而信息量剩余呈圆滑递减的平稳趋势，结果如图 4-30 所示。

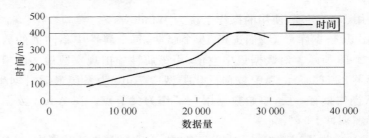

图 4-29　系统运行时间随数据量的变化规律图

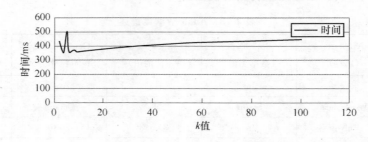

图 4-30　系统运行时间随 k 值变化规律曲线图

② (l,k)-匿名

通过实验仿真分析 (l,k)-匿名算法执行时间。观察数据测试在 k 值与 l 值均同（Occupation，私密）的情况下，运行时间随着 k、l 的变化而呈现出来的规律，仿真结果如图 4-31 所示。

（2）信息损失量的测试

① k-匿名

信息量的计算根据：泛化的数据记为 0，未经过泛化处理的数据记为 1，统计得到信息量的剩余，信息量剩余量越大，表明数据的损失量越小，泛化后的数据也越精确，对于今后的研究意义更大。通过实验仿真分析 k-匿名模型的信息剩余量。观察数据测试在数据量相同（Occupation，私密）的情况下，信息量剩余随着 k 值的变化而呈现出来的规律，仿真结果如图 4-32 所示，随着 k 值的增加，k-匿名模型所造成的信息损失量逐渐降低；在 k 值相同（Occupation，私密）的情况下，信息量剩余随着数据量的变化而呈现出来的规律，仿真结果如图 4-33 所示。

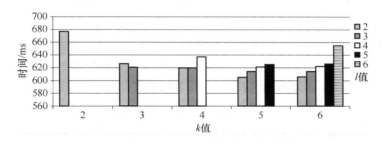

图 4-31　k、l 值均不同时系统运行时间的变化规律

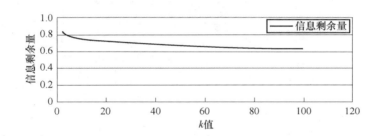

图 4-32　信息剩余量随 k 值的变化规律曲线

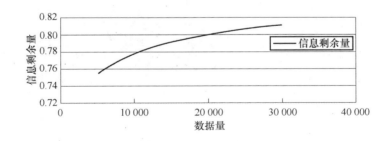

图 4-33　信息剩余量随数据量的变化规律曲线图

② (l,k)-匿名

图 4-34 表明：a. 在相同 k 值下，随着 l 值的增减，信息量剩余在逐渐减小，而在 l 值一定的情况下，随着 k 值的增加信息量剩余也在逐渐减小；b. k、l 的变化反映了数据泛化的强度，数据泛化强度越大，数据剩余也就越少。

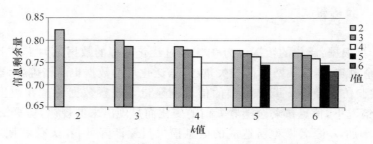

图 4-34 k、l 值均不同时信息量的变化规律

（3）泄密风险的测试

① k-匿名

图 4-35 说明了 $k=3$ 情况下自顶向下回溯算法的 k-匿名处理结果，上图反映了被泛化以及未被泛化数据量的对比，下图则反映了 k 数量的分布，可以清晰地看出 k 值分布在 $k \sim 2k$，比较 OLA 全域泛化来说，k 的范围波动不大，并且达到 99％防御链式攻击。

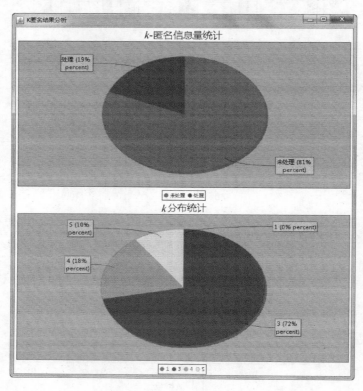

图 4-35 k-匿名($k=3$)系统分析图

② (l,k)-匿名

对比隐私保护模型，实现对关系数据库中表的 k-匿名，为了防止隐私数据受到链接攻击、同一攻击、背景知识攻击等，保护了数据安全性，加入 (l,k)-匿名思想，在数据泛化过程中，随着 k、l 值的增加，信息泄露数量明显递减，如图 4-36 所示。

图 4-37 是 (l,k)-匿名分析图，从图中可以看出，分布较 k 匿名不是很均匀，k 的分布在 $1 \sim 111$，不过可以清晰地看出 k 值越小占的比例越大，$k=2$ 至 $k=9$ 占了几乎 85％，并且信息量保留达到了 80％，所以实验结果还是合理的。l 的分布也大部分集中在 $3 \sim 5$，最后 k、l 的分

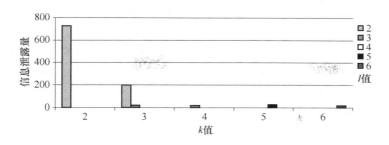

图 4-36　k、l 值均不同,对信息泄露量的分析

布从柱状图中可以看出 (l,k) 绝大部分集中在 $2\sim3$。因此,算法实现 (l,k)-匿名拓展有着信息量保留大,匿名处理结果分布集中的特点。

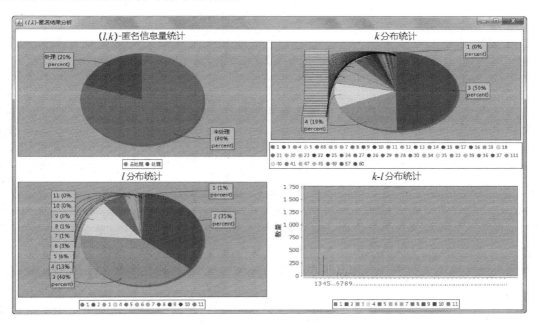

图 4-37　系统分析图 (l,k) 模型,$k=3,l=2$

4.5.5　本节小结

本节分析了当前主流的 k-匿名算法,针对其不足之处,设计了自顶向下个性化泛化回溯算法及其拓展算法,增加了判断模块,使之满足了 (l,k)-匿名与 (s,d)-匿名两种典型模型,能够防御同一攻击与背景知识攻击。系统的主要功能包括自选处理数据的模型、自定义规则和属性权重、用颜色区别未改变与处理过的数据、分析各种模型处理后的信息量、自动统计各种模型处理后的分布。

最后对算法的执行时间、信息损失度量、防御泄露能力进行测试。经多次测试表明:我们的算法十分有效,在实际工作环境中,算法几乎成线性时间,并且很好地保证了信息量,系统运行情况正常,整体性能良好。上述实验进一步证明了本课题的理论正确性,为今后的研究奠定了基础。

第 5 章 隐私保护技术——差分隐私技术

本章主要介绍差分隐私保护技术的思想渊源、相关定义、性质、实现技术和应用。目前,国内外对于差分隐私保护的研究有以下几个方面:①隐私预算 ε 的设定与合理分配;②差分隐私保护机制研究;③差分隐私数据发布技术及其他应用。

5.1 差分隐私的历史和相关定义

1977 年 T. Dalenius[110] 阐述了对统计数据库的结论:任何关于个人的信息都不能在没有访问数据库的情况下从数据库中获得。也就是说,没有对数据库的访问就不能从数据库中获得任何个人的信息。5 年后,在此基础上 S. Goldwasser 和 S. Micali[112] 提出了数据库语义安全的定义:对于统计数据库的访问不能够让访问者获取个人的任何信息,更不能在没有访问权的条件下获取。可是这个类型的隐私是不能够实现的,因为存在辅助信息。即使一个人的记录不在这个统计数据库中,他的隐私仍然可能受到威胁。例如,一个人的身高被认为是隐私,揭露了这个人的身高就认为是隐私泄露。假设数据库算出了不同国家(包括立陶宛)女性的平均身高。一个对于统计数据库拥有访问权的攻击者获取了辅助信息"Terry 的身高比立陶宛女性的平均身高矮 0.609 6 m",那么他将获得 Terry 的身高,而对于只知道辅助信息却没有访问权的攻击者却无能为力。

这个数据库的语义安全是通过密码学的语义安全提出的,密码学的语义安全定义是:不能从密文中获取明文的任何信息,更不能在没有见过密文的情况下获取密文。

对于数据库的语义安全不可能性的原因主要有两个方面:

① 无论 Terry 的记录是否在数据库中都能够造成泄露;

② 对于密码学的语义安全能够实现,对于 T. Dalenius 宽泛的语义安全却不能实现。

第一个方面导致了一个新的思想:一个人隐私泄露的风险不会因为是否在统计数据库中而大幅增加。这就是差分隐私思想的来源[111]。

因此,一个人的信息记入到数据库中,他被泄露的风险只是名义上的增加,隐匿和扭曲数据也是名义上的方法。隐私泄露仍然可能发生,但不会是因为他的信息在数据库中导致的,而且这种泄露不能通过任何的方法避免。

截至目前,差分隐私保护技术被公认为是比较严格和健壮的保护模型。该保护模型的基本思想是对原始数据添加噪音,或者对原始数据转换后添加噪音,或者是对统计结果添加噪音达到隐私保护效果。该保护方法可以确保在某一数据集中插入或者删除一条记录的操作不会影响任何计算(如计数查询)的输出结果。另外,该保护模型将不会关心攻击者所具有的一切背景知识,也就是说即使攻击者已经掌握了除某一条记录之外的所有记录的敏感信息,该记录的敏感信息也将无法被披露,差分隐私的形式化定义如下。

差分隐私是一种新的数据隐私保护方法,可假定攻击(入侵)者具有任意背景知识,该保护方法可保证在一个数据集中删除和增加一条记录不影响任何计算结果(如查询),最关键的是即使攻击(入侵)者知道了除了某一个记录之外的所有记录的敏感信息,该记录的敏感信息仍然无法预测。

1. 差分隐私的定义

定义 5.1　ε-差分隐私(ε-differential privacy)[111]:在非交互式模型中,给定两个数据集 D 和 D',D 和 D' 之间至多相差一条记录,给定一个隐私算法 A,Range(A)为 A 的取值范围,若算法 A 在数据集 D 和 D' 上任意输出结果 $\hat{D}$($\hat{D} \in$ Range(A))满足下列不等式,则 A 满足 ε-差分隐私,也就是说,D 和 D' 上输出结果的概率分布最大比率至多为 e^ε。

$$\Pr[A(D_1) = \hat{D}] \leqslant e^\varepsilon \Pr[A(D_2) = \hat{D}]$$

其中,概率 $\Pr[\cdot]$ 由算法 A 的随机性所控制,也表示隐私被披露的风险;ε 为隐私预算(隐私预算代价参数),表示隐私保护程度,$\varepsilon > 0$ 是公开的而且是由数据拥有者指定的,ε 取值越小提供的隐私保护越强。

图 5-1 表示 D_1 与 D_2 的输出概率最大比率为 e^ε。

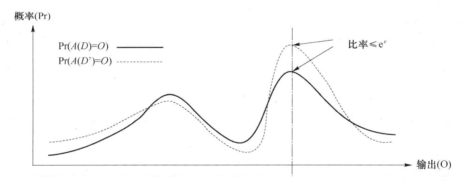

图 5-1　D_1 与 D_2 的隐私披露风险

定义 5.2　ε-差分隐私(ε-differential privacy)[111]:在交互式模型中,一个访问机制 A 满足 ε-差分隐私,如果对于任何相邻数据库(所有差别至多为一个记录的两个数据集)D_1 和 D_2,对于任何查询函数 Q,$r \subseteq$ Rang(Q),$A_Q(D)$ 是一个返回查询 $Q(D)$ 答案的机制,文献中常称 ε 为隐私预算。

$$\Pr[A_Q(D_1) = r] \leqslant e^\varepsilon \Pr[A_Q(D_2) = r]$$

2. 差分隐私的性质

差分隐私的序列组成性和平行组成性质确保了对于一系列的差分隐私计算的隐私保证。

性质 5.1　序列组成性(Sequential Composition)[111]:假设 D 为数据集,让每一个算法 A_i 满足 ε_i-差分隐私,算法 A_i 序列满足 $\sum_i \varepsilon_i$-差分隐私。

性质 5.2　平行组成性(Parallel Composition)[111]:假设 D_i 是原始数据集 D 中不相交的子集,并且算法 A_i 对每个 D_i 满足 ε-差分隐私,则算法 A_i 序列在 D 上满 max ε_i-差分隐私。

以上性质确保了差分隐私的计算隐私保证。性质 5.1 确保了任何孤立的满足差分隐私的计算序列和,也满足差分隐私;性质 5.2 确保实际应用获得好的性能,由于差分隐私计算序列在不相交的数据集上,隐私成本不累积,但只取决于所有计算的最差情况。

5.2 差分隐私的实现技术

实现差分隐私保护技术主要从两个方面考虑:①安全性,如何保证所设计的方法满足差分隐私,以确保隐私不泄露;②实用性,如何减少噪音带来的误差,以提高数据可用性。

典型的差分隐私保护机制是通过向一个函数的真实输出添加随机噪音的方法完成的。常用的添加噪音方法有拉普拉斯(Laplace)机制[111]和指数机制。噪音的多少与全局敏感度紧密相关,即噪音通过函数的敏感度来调整。敏感度是函数独有的性质,是独立于数据库的。函数的敏感度是从两个只有一个记录不同的数据集中得到的输出的最大差别。

定义 5.3 全局敏感度(Global Sensitivity,GS)[111]:对于任意的相邻数据库 D_1 和 D_2,查询函数 $Q: D \rightarrow R^d$ 的全局敏感度是在 D_1 和 D_2 中查询结果的最大差值,即

$$GS_Q = \Delta f = \max \| Q(D_1) - Q(D_2) \|_1$$

其中,D_1 和 D_2 至多相差一条记录,R 表示所映射的实数空间,d 表示函数 Q 的查询维度。

1. 拉普拉斯机制

针对满足差分隐私输出为实数的算法,通过在查询的输出中添加拉普拉斯噪音实现。对于任何函数 $f: D \rightarrow R^d$,隐私算法 A,满足 ε-差分隐私:

$$A(D) = f(D) + \text{Laplace}\left(\frac{GS_Q}{\varepsilon}\right)$$

拉普拉斯机制作用:确定添加噪音数据的大小。

定义 5.4 拉普拉斯分布:如果随机变量 X 的概率密度函数分布满足下式,则称随机变量 X 满足拉普拉斯分布,如图 5-2 所示。

$$h(y) = \Pr[x | \mu, \lambda] = \frac{1}{2\lambda} \exp\left(\frac{-|x - \mu|}{\lambda}\right)$$

其中,μ 和 λ 分别为位置参数(期望)和尺度参数,方差为 $2\lambda^2$。其中,λ 由全局敏感度 Δf 和隐私预算 ε 决定,即 $\lambda = \frac{\Delta f}{\varepsilon}$。拉普拉斯机制中设置 $\mu = 0$。

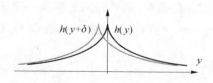

图 5-2 拉普拉斯分布

定理 5.1[111] 对于任何函数 $Q: D \rightarrow R^d$,满足下式的机制 A 提供 ε-差分隐私。

$$A(D) = Q(D) + \left\langle \text{Lap}_1\left(\frac{\Delta f}{\varepsilon}\right), \cdots, \text{Lap}_d\left(\frac{\Delta f}{\varepsilon}\right) \right\rangle$$

其中,$\text{Lap}_i\left(\frac{\Delta f}{\varepsilon}\right)(1 \leqslant i \leqslant d)$ 是相互独立的拉普拉斯变量。从上式中可以看出噪音量大小与 Δf 成正比,与 ε 成反比。所以全局敏感度越大,噪音越大;隐私预算越小,噪音越大,隐私保护程度越高。对于多数查询 Δf 是非常小的,简单计数(具有某属性的行数有多少)的敏感度为 1。需要提醒的是,敏感度是函数独有的性质,独立于数据库。

2. 指数机制

针对非数值的算法,即当输出不是实值或加噪音无意义的情况。基本思想是从一个私有分布中抽样来回答非数值查询。关键是如何设计函数 $q(D,r)$,r 表示从输出域 $\hat{D}$ 中所选择的输出项。

定理 5.2[111]　对于数据集 D,给定一个效用函数 $q:(D\times R)\to R$,如

$$A(D,q)=\left\{\text{return } r \text{ with probabilit } y\propto\exp\left(\frac{\varepsilon q(D,r)}{2\Delta q}\right)\right\}$$

则算法 A 满足 ε-差分隐私。

其中,q 的灵敏度是 $\Delta q=\max_{\forall r,D_1,D_2}\parallel q(D_1,r)-q(D_2,r)\parallel_1$。

指数机制作用:对效用函数计算的候选评分进行选择,越高的计分的输出与被选择输出呈指数倍地接近。

5.3　差分隐私的应用

差分隐私保护和传统隐私保护方法的不同之处在于,差分隐私保护定义了一个极为严格的攻击模型,并对隐私泄露风险给出了严谨、定量化的证明和表示。差分隐私保护在大大降低隐私泄露风险的同时,极大地保证了数据的可用性。差分隐私保护方法的最大优点是,虽然基于数据失真技术,但所加入的噪声量与数据集大小无关,因此对于大型数据集,仅通过添加极少量的噪声就能达到高级别的隐私保护。

差分隐私作为新型的隐私保护技术,无论在理论研究还是在实际应用方面,都具有非常重要的价值。差分隐私技术最先应用于统计数据库安全领域,之后又扩展到其他领域,如移动互联、通信等。目前,差分隐私偏注重于理论的研究和分析,且数据库领域仍是差分隐私的主要研究方向,数据库领域中差分隐私保护技术的研究方向包括 4 个部分:基于差分隐私的数据发布;基于差分隐私的数据挖掘;基于差分隐私的查询处理;基于差分隐私的应用系统,如表 5-1 所示。

表 5-1　差分隐私保护研究方向

研究方向	代表方法/领域
基于差分隐私的数据发布	Histogram、DateCube、Paritioning、Sampling&Filtering
基于差分隐私的数据挖掘	DiffGen、PrivBasis、SmartTrunc、Didd-FPM、TF、DiffP-C4
基于差分隐私的查询处理	Laplace、Privlet、inearQuery、BatchQuery
基于差分隐私的其他应用	个性化搜索、推荐系统、位置保护,移动 App

5.3.1　基于差分隐私的数据发布

基于差分隐私保护的数据发布是差分隐私研究中的核心内容,差分隐私保护下数据发布的环境有两种:交互式和非交互式。

(1) 交互式数据发布

交互式场景(在线查询)可认为是一个可信的管理者(如政府单位)从记录拥有者(如用户)中收集数据并且为数据使用者(如研究机构)提供一个访问机制,以便数据使用者查询和分析数据,其基本框架如图 5-3 所示。当数据分析者通过查询接口提交查询 Q 时,数据拥有者会根据查询需求,设计满足差分隐私的算法,经过差分隐私机制过滤后,把噪音结果返回给用户。

由于交互式场景只允许数据分析者通过查询接口提交查询,查询数目决定其性能,所以其不能提出大量查询,一旦查询数量达到某一界限(隐私预算耗尽),数据库关闭。

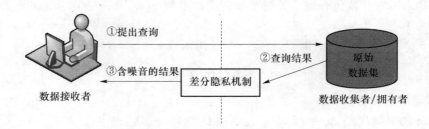

图 5-3　交互式发布环境

最早用于交互式数据发布的差分隐私保护机制是 C.Dwork 等人提出的拉普拉斯机制。在该机制下,根据查询函数的敏感度和隐私保护预算,产生服从拉普拉斯分布的噪声,并添加到每个查询结果中。这种简单的机制能够处理各种类型的查询,但缺点是查询的数量有限,与数据集记录数为次线性关系。另外,在干扰针对连续属性的查询结果时会产生较大的噪声。交互式框架下的数据发布主要包括的算法有 Median、PMW、K-norm、IDC。

(2)非交互式数据发布

非交互式数据发布场景(离线发布)的基本思想框架如图 5-4 所示。数据发布者通过差分隐私算法保护发布数据库相关统计信息。数据分析者对发布数据进行数据挖掘分析,得出噪音结果。非交互场景主要研究的是如何设计高效的差分隐私发布算法使得发布的数据既满足差分隐私又具有很好的实用性。

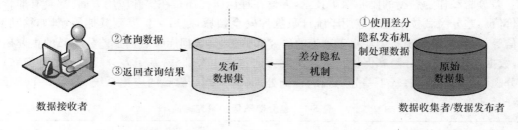

图 5-4　非交互式发布环境

目前,对于非交互环境下数据的发布,数据拥有者采用数据压缩、数据转换与采样过滤等技术对原始数据进行处理以达到缩减发布误差和查询误差的目的。此外,数据发布过程中,合理的隐私预算分配策略也是保证差分隐私成立的关键。非交互式框架下数据发布的算法具体包括:①直方图发布方法 Boost、NoiseFirst、Privelet、P-HPartition;②基于划分方法 Quad-Post、kd-standard、DiffPart、AG 等。

目前,虽然差分隐私技术在数据发布上获取了较大的进展,但仍然有期待解决的关键问题。如敏感问题的个性化问题。差分隐私针对一般敏感度查询的效果较好,例如,敏感度为 1 的计数查询,其噪声方差仅为 $2/\varepsilon^2$。但个性化的敏感度或高敏感度查询问题,成为目前需要解决的问题之一,因为加入大量噪音会影响数据的实用性。

5.3.2　基于差分隐私的数据挖掘

数据挖掘能够分析出大量有价值的信息,其中就包含了用户的隐私数据,严重威胁了用户信息安全。差分隐私保护下的数据挖掘研究是确保数据满足差分隐私的前提下,获取数据挖掘的效率和性能,尽可能地达到最优的数据挖掘模型。

研究重点往往将数据挖掘领域的具体方法应用到差分隐私模型下,通过对原始的数据挖掘算法的改进优化,使算法在数据安全性和实用性方面达到最优的平衡。

基于差分隐私的数据挖掘有两种实现模式,即接口模式和完全访问模式[113,114],如图 5-5 所示。

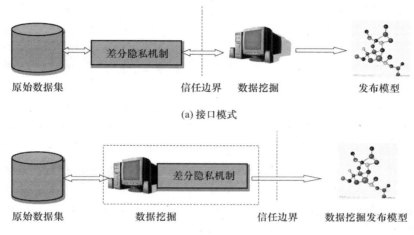

(a) 接口模式

(b) 完全访问模式

图 5-5　数据挖掘的实现模式

接口模式下,数据分析者被视为是不可信的。数据管理者只是对外提供访问接口,不发布数据集,并在接口上实施差分隐私保护。数据分析者只能通过接口获取进行数据挖掘所需的统计类信息,其查询数目受隐私保护预算的限制。在这种模式下,隐私保护的功能完全由接口来提供,数据分析者无须关心任何隐私保护需求,也无须掌握任何有关隐私保护的知识,其进行数据挖掘所采用的各种算法也无须因隐私保护做任何修改。

完全访问模式下,数据分析者被认为是可信的。数据分析者能够直接访问数据集并执行挖掘算法,但他们必须具备隐私保护的领域知识以对传统的数据挖掘算法进行必要的修改,使得这些算法能够满足差分隐私保护的要求,从而保证最终发布的模型不会泄露数据集中的隐私信息。完全访问模式对查询数量没有限制,因此数据分析者在设计算法时具有更大的灵活性。

差分隐私在数据挖掘中的应用研究与差分隐私的理论发展密切相关。目前,国内外学者已经提出多种满足差分隐私保护的数据挖掘算法,下面将进行总结概括,如表 5-2 所示[113]。

表 5-2　基于差分隐私的数据挖掘方法

实现形式	挖掘方法	典型算法
接口模式	分类,聚类	Diff-C4、SuLQ-based ID3、PINQ-based ID3、SuLQ-based k-means、Coreset
完全访问模式	分类,频繁项挖掘	DiffGen、Private-RDT、Learning guarantees、FIM、PrivBasis、Diff-FPM

目前,接口模式和完全访问模式下的数据挖掘方法都还在不断地完善,因此,两种模式都有明显的优点和缺点。在接口模式下,数据挖掘方法容易实现,分类准确性高。但是,缺点也是明显的:①需要事先确定迭代次数,隐私保护预算分配困难;②敏感度高且难以计算,需要较大的隐私保护预算才能保证精度。在完全访问模式下,数据挖掘方法精度高,挖掘速度快。缺点在于:计算代价高,频繁项长度有限。

数据分析领域中,频繁数据挖掘是一种常用的技术手段。使用差分隐私技术能够保证在发布频繁模式和频度的同时隐私信息不被披露。R. Bhaskar 等人[118]提出了分别基于指数机制和基于拉普拉斯机制的 FIM(Frequent Itemsets Mining)算法。这两种算法的基本步骤如下所示。

第一步,预处理。使用传统 FIM 算法找到所有长度为 l 的项集,通过使用截断频度选取 K 个项集。

第二步,样本处理。基于指数机制的 FIM 本质上是对 K 个项集不替换地采用连续指数机制,打分函数不变,保证 $\varepsilon/(2K)$ 差分隐私。而基于拉普拉斯机制的 FIM 是对截断频率添加拉普拉斯噪音获得噪音频度,从中选取支持度最大 K 个项集。

第三步,扰动截断。对结果中的真实频度添加新的拉普拉斯噪音,进行扰动。

第四步,输出扰动后的结果。

该算法满足差分隐私的保护要求和可用性要求,但是在 K 值显著增加时,算法的效率和输出的准确性低。

针对这些问题,Li Ninghui 等人[119]提出了用于高维数据集的频繁项集挖掘算法(PrivBasis)。它能在保证计算性能的前提下实现差分隐私保护。

基于差分隐私中的各种算法的有效性不但依赖于算法本身,也受到所采用的差分隐私保护机制的精确度的影响。所以基于差分隐私的数据挖掘方法面临着高敏感度查询和计算复杂度等问题,除此之外,未来基于差分隐私的数据挖掘方法研究中还需要解决以下问题[113]。

① 降噪问题。对于许多数据挖掘算法,在接口模式下采用现有的差分隐私保护机制来实现数据挖掘往往需要较大的噪声。降噪是目前急需解决的问题之一。

② 差分隐私的普适性问题。在完全访问模式下,为执行不同的数据挖掘任务,必须将各种传统算法改造为满足差分隐私保护要求的算法,如何在一个标准的框架系统内实现对各种算法的差分隐私化,是急需解决的另一个问题。

5.3.3 基于差分隐私的查询处理

基于差分隐私的数据发布分为交互式和非交互式两种情况。从图 5-3 和 5-4 中可以看出,基于差分隐私数据发布的最终目的就是在个体隐私不被泄露的情况下供用户和机构使用或查询,个体或机构可以通过对数据集提出查询请求,从而获得对真实世界的理解。因此,基于差分隐私的数据发布算法均是为了满足用户的查询需求。

基于差分隐私的查询处理分为交互式查询和非交互式查询。上文所提到的所有基于差分隐私的数据发布方法均是为了满足用户的查询需求,以非交互式数据发布为例:非交互式数据发布中直方图发布方法是为了能精确地响应范围计数、计数等查询;基于划分方法均是为了响应计数、频繁模式挖掘等查询。然而,这类方法为考虑查询负载之间的线性关联,而交互式下的查询方法通常考虑这种关联关系,并且以批量形式处理。目前,对于在交互式下的批量查询方法均存在着明显的不足,如何从数据本身的实际相关性出发,设计出通用的批量处理机制是未来的一个研究方向。

5.3.4　基于差分隐私的其他应用

差分隐私保护机制不仅适用于数据发布和数据挖掘,还普遍地适用于许多不同的现实场景。最近几年,国内外学者也慢慢地从理论研究分析层面走向了更高的实际应用层面。差分隐私是最先进的、最新的隐私保护方法,相应的原型应用系统比较少,下面将具体介绍差分隐私在真实场合的应用。

(1) 差分隐私在个性化搜索中的应用

实现个性化服务,需要跟踪和学习用户的兴趣和行为,生成用户兴趣模型,根据用户兴趣过滤信息以达到准确提供信息的目的。获得用户兴趣模型的方法有服务器端挖掘、用户主动提供、系统被动学习等,其中,服务器端的挖掘是现在经常使用的一种方法,因特网中的服务器会生成访问日志文件来记录用户的访问信息。在这样的背景下,如果在服务器端保留原始的用户兴趣模型,开放的网络环境很有可能会造成用户隐私的泄露。另外,为了进行数据分析研究,有些机构会发布这些涉及个人数据的信息,此时数据发布中的隐私保护技术并不适用于用户兴趣模型这种非结构化的数据。已有的应用研究表明,差分隐私作为一种严格的隐私定义,能够为解决现实中的隐私保护问题提供有效的解决方法,具有良好的应用前景。

(2) 差分隐私在查询日志保护中的应用

搜索引擎查询日志已经成为研究分析用户的搜索行为、改进搜索引擎的宝贵资源。但2006 年发生的 AOL 泄露用户隐私事件引起了公众的恐慌。查询日志匿名化发布可以在一定程度上保护用户隐私。但是这类发布方法存在着明显的缺陷。因为匿名化不是一种严格的隐私保护模型,不能有效抵御链接攻击。差分隐私因其严格的理论模型成为隐私保护领域的新宠。A. Korolov 等人添加拉普拉斯噪音到将要发布的结果中来实现差分隐私保护,发布查询内容点击情况的统计信息。Yuan Hong[38] 等人改善可随机策略,维持了输出查询日志的完整性。苑晓姣提出一种基于差分隐私的查询日志匿名化算法,将 k-匿名与差分隐私结合起来,有效提高查询日志的实用性和隐私保护程度。

(3) 基于差分隐私的数据立方分析

数据立方(Datacubes)是多维数据分析和联机数据分析(OLAP)的重要组成部分,数据立方事实表(Facttable)由单元和立方体组成,具有足够背景的攻击者可以根据关联关系推断出用户隐私信息。

5.4　基于差分隐私的个性化检索中用户匿名化方法

本节内容主要特征[89] 如下所示。第一,引入 p-link 隐私概念并不需要指明敏感项和非敏感项,也不需要外部知识数据库。而且,它将每一项看作具有潜在敏感性或标识性,并将个人与其他项(为攻击者已知)之间联系的可能性为 p。从本质上,它概括了将敏感项相关联的可能性概念。第二,采用微聚技术,对用户资料扩增并聚类形成用户组,聚类时考虑不同词之间的语义关系,这种扩增和聚类技术能够保护个人隐私并提升检索性能。同时,进行个人隐私保护度的计算,找到提高检索性能和保护用户隐私之间的平衡点。第三,在分组的基础上构建层次的用户组资料,进一步保护了个人用户隐私并提升检索性能。第四,本研究是从真实数据源(用户查询历史、Email 和个人文档等)中提取用户资料(User Profile)进行实验,大量实验证明:该方法结合差分隐私与 p-link 二者特性实现用户兴趣模型匿名化并保证用户兴趣基本不发生改变,既能保护用户隐私信息,又能保证个性化检索性能。

5.4.1 研究背景

大数据时代,不仅孕育着信息通信技术的日渐普遍和成熟,而且通过对海量数据的掌握和分析,为用户提供更加专业化和个性化的服务,同时不可避免地加大了用户隐私泄露的风险。一方面,大量的数据汇集,包括大量的企业运营数据、客户信息、个人的隐私和各种行为的细节记录。这些数据的集中存储增加了数据泄露的风险,而这些数据不被滥用,也成为人身安全的一部分。另一方面,一些敏感数据的所有权和使用权并没有明确的界定,很多基于大数据的分析都未考虑其中涉及的个体的隐私问题。

个性化搜索是以用户为中心的信息搜索技术,它获取以多种形式表达的用户信息,并综合利用这些用户信息,提高搜索引擎的性能,以满足不同用户的个性化需求。但在大数据时代,能否有效地保护个人隐私、商业秘密乃至国家机密是一个重要的挑战。

个性化信息检索为提升搜索引擎结果的针对性和准确性提供了保证。以用户为中心的信息检索,需要收集和集成大量的用户资料(来自个人信息、个人兴趣和检索历史等),精确描述用户的个性特征和个性模型,研究用户的行为,理解他们的主要需求,根据这些需求改进和完善检索系统的组织和操作,向用户主动、及时、准确地提供所需信息,如 Google 和 Yahoo[3]。

然而,个性化检索面临着一个重要挑战:个性化数据隐私保护和信息安全。除了个人隐私之外,还有可能涉及国家经济和政府机密信息,威胁国家安全。如何在成功进行高质量检索服务的同时保证隐私数据不被泄露是一个重要的课题。在前网络时代,隐私在法律、政府、组织、个人的多重保护下是相对安全的,而网络的出现,令现实社会中个人隐私权的有关问题延伸到了网络空间,由于网络社会的开放特征,使得个人隐私面临严重威胁。用户资料是网络公司最有价值的信息,因此,2010 年,国内有 360 和 QQ 之战,国外有 Facebook、Google、Wikileak 的隐私争论。2013 年,央视的 3·15 晚会报道一些企业单位通过互联网等方式侵犯并泄露企业、个人用户的信息,信息泄露问题也越来越受关注和重视。同时,个人信息的泄露给我国造成了巨大的经济损失,据 2006 年的统计,我国网络攻击地下产业链的产值超过 2.38 亿元,每年给中国大陆造成的经济损失至少 76 亿,2016 年可能会超过百亿。个人隐私信息的泄露,仅靠法律规范来约束是远远不够的,必须采用必要的技术手段来解决隐私保护问题,否则,成为制约信息检索、电子商务等发展的最大障碍。

5.4.2 个性化搜索框架模型

个性化检索通过用户兴趣模型和初始查询结果进行过滤和排序后,提供符合用户兴趣的个性化检索结果。个性化搜索的系统框架如图 5-6 所示,主要包括用户查询代理、搜索引擎和用户兴趣模型三部分。

用户查询代理:负责查询用户查询信息的预处理(分词、个性化调整、反馈等操作),结合检索请求、用户兴趣和搜索引擎归并整合,返回用户。搜索引擎:负责预处理后的用户请求和文档匹配。用户组兴趣模型[1]：是用户兴趣偏好的精确描述，反映用户的真正兴趣，是系统为用户提供服务的依据。常见的表示方法有加权关键词向量和 bookmark 方法。

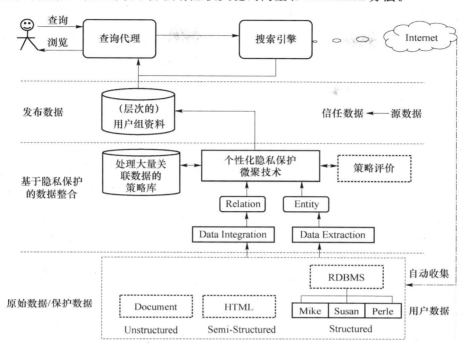

图 5-6　基于差分隐私的个性化信息检索的隐私保护系统基本流程

5.4.3　*p*-link 隐私及相关的定义

定义 1　*p*-link 隐私

p 是对于隐私保护的度量。当用户组中的个人用户与组中任意关键词联系起来的概率不超过 p 时，这个用户组被认为是满足 *p*-link 的。p 值越高，一个具体的关键词与用户相关性就越高。所以说在我们试着达到一个合理的搜索质量的同时，尽可能使 p 值越低越好。*p*-link 隐私概念是通过防止用户与潜在敏感关键词的关联来防止属性暴露的（属性值），这也是主要关注的方面。

说明：本研究中，不划分敏感项与非敏感项，也不划分单一敏感项与多敏感项，并且认为所有项具有潜在敏感性。假设有一个攻击者能根据自己的背景知识将某个特定用户和用户组联系起来（如用户曾经搜索过的某一确定关键词），我们就可以通过用户组中的其他关键词来防止关系用户的链接攻击。

研究中拓展了 k-anonymity 模型。用 k-anonymity、k^m-anonymity 和 k^δ-anonymity 为任意组中的用户提供匿名。但是仅以 k-anonymity 为基础的隐私模型将只能防止身份暴露，却无法阻止属性暴露。

定义 2　用户资料

一个用户资料 **UP** 可以表示成一个向量，$\mathbf{UP}=\{\mathbf{tw}_1,\mathbf{tw}_2,\cdots,\mathbf{tw}_n\}$，其中，向量元 $\mathbf{tw}_i=(\text{term}_i,\text{weight}_i)$，$\text{term}_i$ 通常代表了用户兴趣的一个词汇或短语，weight_i 是一个数，表示用户兴趣的量化。如 $\mathbf{UP}=\{(\text{sports},1),(\text{video game},0.8)\}$，此用户可能是一个体育和电视游戏的爱

好者。此外,数值($1 > 0.8$)表示这个用户喜欢体育要多一些。本研究是从各种数据源(用户查询历史、Email 和个人文档等)中提取用户资料。

定义 3   用户组资料(User Profile Set)

一个用户组资料 UPS 是用户资料的集合,$UPS = \{UP_1, UP_2, \cdots, UP_n\}, n = |UPS|$。如表 5-3 所示,包含了 8 个用户的资料。

表 5-3   用户组资料

用　户	用户兴趣的向量
UP_1	(kitten, 1), (riding, 0.8)
UP_2	(pup, 0.6), (equitation, 1)
UP_3	(sports, 1), (video game, 0.5), (basketball, 0.2)
UP_4	(java, 1), (program, 1)
UP_5	(java, 1), (program, 1)
UP_6	(video game, 1)
UP_7	(sports, 1), (video game, 0.5), (basketball, 0.2)
UP_8	(video game, 1)

目标是将用户资料微聚到用户组,并利用组质心(centroid)来代表组中的用户,从而在个性化信息检索时保护个人用户的隐私,如表 5-4 所示,含有两个用户的组。

表 5-4   含有两个用户的组

用　户	用户兴趣的向量
UP_1	(kitten, 1), (riding, 0.8)
UP_2	(pup, 0.6), (equitation, 1)

5.4.4   用户兴趣模型匿名化算法

本研究中用户兴趣模型匿名化主要针对隐匿用户兴趣模型中的标识符后的匿名化,即去掉其中的标识符(如用户 ID、姓名、身份证号、SSN 等)后,设计了基于差分隐私与 p-link 技术相结合的用户兴趣模型匿名化方法。算法分为两个阶段:第一阶段,主要利用差分隐私的相关技术针对用户兴趣模型中准标识符的匿名化;第二阶段,主要利用 p-link 的用户兴趣模型相关技术,针对用户兴趣模型中用户兴趣的二次匿名化。两个阶段的有机结合形成了有效的用户兴趣模型匿名化方法。

1. 基于差分隐私的用户兴趣模型匿名化算法

针对用户兴趣模型中准标识符的匿名化,设计了差分隐私匿名化算法(Differential_anonymization):首先,采用自上而下的方法概率性地泛化准标识符,可将数据集划分成一些等价组;其次,添加噪音到每一组数据中;最后,将满足差分隐私的数据集进行微聚处理。具体算法如图 5-7 所示。

输入:原始数据集 D,隐私预算 ε,准标识符属性划分的层次 h,每个属性的层次树 Hierarchy_Tree

输出:满足差分隐私的数据集 $\hat{D}$

Step1:将准标识符的属性对应分类树的根节点放在候选集合 C 中,且 $\varepsilon' \leftarrow \frac{\varepsilon}{2h}$

Step2:挑选合适的效用函数来为这些节点打分(采用信息增益的方法,计算 C 中每个节点的分数)

Step3:利用指数机制选择下一步要分裂的节点 $Select v \in C$,概率 $\propto \exp\left(\frac{\varepsilon'}{2\Delta u} u(D,v)\right)$

Step4:查找该属性的分类树,将该节点替换为它的孩子节点,即特化 D 中的 v 节点并更新 C

　　//特化可看作父节点 $v \rightarrow child(v)$ 的过程

Step5:更新候选集合(即 Update C 中节点的分数)

Step6:重复 Step2~5 直到满足条件

Step7:按类别分组并且每一组计数加噪音 $Lap(2/\varepsilon)$

Step8:返回满足差分隐私的数据集 $\hat{D}$(包括每一组和它们的计数 count)

　　//count 是满足 ε-差分隐私的等价组中个体的计数。

图 5-7　基于差分隐私的用户兴趣模型匿名化算法

该算法提出清晰的算法停止界限,实验表明:隐私代价较小,可提高数据的可用性和查询响应精度,可减少发布误差。

2. 基于 *p*-link 的用户兴趣模型再匿名化算法设计

针对用户兴趣模型中用户兴趣的匿名化,本研究采用微聚技术进行匿名化的二次处理,微聚所依赖的用户相似性由两个不同用户兴趣中相同的兴趣条目(关键词)所决定,然而,用户兴趣模型中的条目是非常随机化的,即使两个用户拥有一个具体的共同兴趣,这个兴趣不同的同义词也使得两个用户无法联系起来,在这种情况下,微聚将变得更为复杂,算法的主要实现技术如下。

(1)用户资料的扩增处理

用户相似性:是对两个用户资料之间的余弦相似性计算。相近的用户资料表示它们之间有共同的关键词;共同的关键词越多,它们就越相似。

在这个方法中,聚类所依赖的用户相似性由两个不同用户资料中相同的关键词所决定。但是不同用户资料的关键词因为用户的爱好不同而显得非常随机化。即使两个用户拥有一个具体的共同兴趣,这个兴趣不同的同义词也使得两个用户无法联系起来。在这种情况下,聚类将变得更为复杂。如表 2 中的两个用户之间的余弦相似性如下:

$$\text{CosineSimilarity}(\mathbf{UP}_1, \mathbf{UP}_2) = \frac{0}{\sqrt{1^2 + 0.8^2}\sqrt{0.6^2 + 1^2}} = \mathbf{0}$$

该余弦相似性的值表明这两个用户无法被划归到一个组中,这是由于语义相近但是关键词不同所造成的。为了解决这个问题,用户资料扩增作为集合的一个预处理步骤加入到研究方案中。

定义 4　同义词集

关键词的同义词集指包括自身以及它所有同义词的一个词汇集合。表 5-5 展示了表 5-4 中 $\mathbf{UP}_1$,$\mathbf{UP}_2$ 的所有关键词的同义词集。

表 5-5 同义词集的例子

关键词	关键词的同义词
kitten	{kitten, kitty}
riding	{riding, horseback riding, equitation}
pup	{pup, whelp}
equitation	{riding, horseback riding, equitation}

定义 5 上位词

在语言学中,上位词是指语义范围包括了其他词的词。同义词集的上位词是包括了根同义词集和所有它的上位词的同义词集列表。上位词如图 2 所示:a_1,a_2 可以代表朱红(scarlet)、丹红(vermilion)、洋红(carmine)、深红(crimson);b_1,b_2 分别代表浅绿(aqua)、翠绿(emerald);A 代表红(red);B 代表绿(green);All 代表颜色(color);A 是的 a_1,a_2 的上位词;B 是 b_1,b_2 的上位词;同样,All 是 A,B 的上位词。

对于 $\mathbf{UP}_1$,$\mathbf{UP}_2$ 的同义词和上位词:a_1,a_2 可以代表 kitten,kitty;b_1,b_2 分别代表 pup,whelp;A,B 分别代表 young cat mammal,young dog mammal;All 代表 offspring;A 是的 a_1,a_2 的上位词;B 是 b_1,b_2 的上位词;同样,All 是 A,B 的上位词。a_1,a_2 可以代表 riding,horseback riding;b_1,b_2 分别代表 equitation,horseback riding;A,B 代表 sport,athletics;All 代表 recreation;A 是 a_1,a_2 的上位词;B 是 b_1,b_2 的上位词;同样,All 是 A,B 的上位词。

我们采用 WordNet 作为词汇工具扩增用户资料中关键词的同义词集和上位词。它将英文单词归纳为同义词集,提供简短而一般化的定义以及记录同义词集之间的各种语义联系。

扩增的第一步是同义词集的扩增。如图 5-8 (a)所示,将用户资料中的所有单独的关键词扩增为同义词集,替换结果如表 5-6 所示。

表 5-6 关键词替换为同义词集之后的资料集合

用 户	用户兴趣的向量
$\mathbf{UP}_1$	(kitten, kitty, 1),(riding, horseback riding, equitation, 0.8)
$\mathbf{UP}_2$	(pup, whelp, 0.6),(riding, horseback riding, equitationg, 1)

扩增的第二步是上位词集扩增如图 5-8(b)~(e)所示。将用户资料中同义词集的所有上位词集以原同义词集相同的权重加入到用户资料中。参数 s 表示扩增距离,距离根同义词集不超过 s 步的将被加入到用户资料中。对于表 5-6 中的用户资料集,如果 $s=1$,{young mammal}和{sports,athletics}将作为{kitten,kitty},{pup,whelp}和{riding,horseback riding,equitation}的上位词加入到用户资料中。而 WordNet 中,{young,offspring}和{diversion,recreation}由于距离根同义词集超过 1 而不会被加入。在 $s=1$ 时,表 5-7 是用户资料扩增后的最终结果。如在服从 p-link 隐私的条件下,图 5-8 的(b)~(e)是上位词扩增的不同情况。

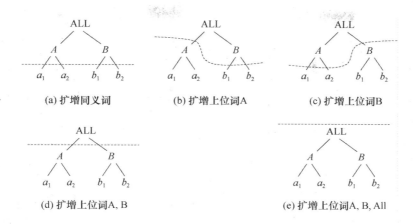

(a)扩增同义词　　　　(b)扩增上位词A　　　　(c)扩增上位词B

(d)扩增上位词A、B　　　　　　(e)扩增上位词A、B、All

图 5-8　同义词和上位词扩增情况

表 5-7　上位词扩增之后的资料集

用户	用户兴趣的向量
UP₁	(kitten, kitty, 1), (riding, horseback riding, equitation, 0.8), (young mammal,1), (sport, athletics,0.8)
UP₂	(pup, whelp, 0.6), (riding, horseback riding, equitation,1), (young mammal,0.6), (sport, athletics,1)

总体来说,同义词集的替换将不同词的同义词联系起来,上位词集的扩增带来了关键词在相同语义范畴下的通用上位词集。这两步都缩短了那些使用同义词或者具有共同上位词的关键词的用户资料之间的距离。同时为提升信息检索性能奠定基础。

（2）用户资料的聚类处理

用户资料匿名化的方法是聚类,将相近的用户资料挑选出来合并为一组。用户资料的扩增揭示了用户资料之间的相近语义,这使得集合分类更加可行和有效。通过用户资料余弦相似计算可以量化两个用户资料之间的相似程度。在接下来的组分类算法中,语义相近的用户资料将被聚类为一个新的组。一个合成的用户资料将作为组中所有用户资料的代表,应用在个性化情报搜索之中,它被称为组质心（CUP）。

聚类约束条件:聚类服从于 p-link 的隐私要求。也就是说,一个组质心中任意关键词 t 都满足 p-link 的用户资料集合,将其与某个用户联系起来的概率将不会超过 $p(\text{tb}(t)<p)$。如果一个用户组中所有用户资料集都满足 p-link,那么用户组也满足 p-link。其中,$\text{tb}(t)=|\mathbf{UP}_i|/|\mathbf{C}|$;用户组资料集合 $\mathbf{C}=\{\mathbf{UP}_1,\mathbf{UP}_2,\cdots,\mathbf{UP}_n\}$。

假设表 5-7 中的 $\mathbf{UP}_1$ 和 $\mathbf{UP}_2$ 聚类到一个用户组,$\mathbf{UP}_1$ 和 $\mathbf{UP}_2$ 中任意一个可以被同义词集 {kitten, kitty} 或{pup, whelp}所识别。{$\mathbf{UP}_1,\mathbf{UP}_2$}的组质心用户资料（CUP）为:{(kitten,0.5),(pup,0.3),(riding,0.4),(equitation,0.5)},计算结果如表 5-8 所示。

表 5-8　组质心（CUP）的计算

用户 ＼ 关键词	kitten	pup	riding	equitation
UP₁	1	0	0.8	0
UP₂	0	0.6	0	1
CUP	0.5	0.3	0.4	0.5

从结果中可以看出,组质心用户资料(**CUP**)一方面保持了原有用户资料最感兴趣的部分。另一个方面,它带来一些噪声,如对 **UP**$_2$ 来讲{kitten,kitty}属于噪声和对 **UP**$_1$ 来讲{pup,whelp}属于噪声。本研究的预研工作已经观察和分析了这些噪声在个性化信息检索中的影响。

聚类算法:将从 p-link 隐私、个性化检索性能和数据量等方面考虑,具体算法如下所示。

Step1:随机抽取一个用户资料(**UP**$_0$)。

Step2:距离用户资料(**UP**$_0$)最远的一个用户资料将作为一个新集合的种子。

Step3:在剩下的用户资料中,将距离种子最近的挑出来加入到这个集合中,直到集合满足 p-link。

Step4:程序在所有用户资料都被加入到一个满足 p-link 隐私条件的组中之前持续循环。

特殊情况下,若用户组资料不满足 p-link 隐私时,重新调整用户组资料的扩增,如图 5-8(b)~(e)所示,直到所有用户资料都被加入到一个满足 p-link 隐私条件的组中。

以上方案与技术路线可以验证:满足 p-link 隐私的条件下,检索性能的一个重大提升可以通过共享用户组资料实现。

(3) 基于 p-link 的用户兴趣模型匿名化算法

基于 p-link 的用户兴趣模型匿名化算法:将从 p-link 隐私、个性化检索性能和数据量等方面考虑,提出用户准标识符属性和兴趣条目均作为用户兴趣,不需要指明敏感项和非敏感项,将每一项看作具有潜在敏感性或标识性,并使个人与其他项(为攻击者已知)之间联系的可能性小于 p,具体算法如图 5-9 所示。

输入:原始数据集 $\hat{D}$,隐私约束参数 p

输出:微聚后数据集(即发布数据集)

Step1:While |UPS|>0　　　　　　//|UPS| 为集合 $\hat{D}$ 中用户兴趣模型的个数

Step2:UP←第一次选取种子,随机抽取一个用户兴趣模型(UP$_0$)UP←后续选取种子,距离用户兴趣模型 UP 最远的一个用户资料将作为一个新集合的种子

Step3:在剩下的用户兴趣模型中,将距离种子最近的挑出来加入到这个集合中,直到集合满足 p-link

Step4:End while　　//程序在所有用户资料都被加入到一个满足 p-link 隐私条件的组中之前持续循环

说明:特殊情况下,若用户组资料不满足 p-link 隐私时,重新调整用户组资料的扩增,直到所有用户资料都被加入到一个满足 p-link 隐私条件的组中。

图 5-9　基于 p-link 的用户兴趣模型匿名化算法

可以看出,等价组兴趣模型保留着原始用户兴趣模型的大部分内容,而且兴趣条目的权值与原来的兴趣倾向无太大改变。另外,等价组兴趣模型相对于原始的用户兴趣模型添加了一些噪声,但保证了用户隐私。

5.4.5　实验与分析

1. 实验环境

操作系统为 Windows 7,实验平台使用 Java 实现。实验数据 Data 来自两个数据集的合并。数据集 Data1 来源于美国 UCI Machine Learning Repository 中 Adult 数据集[96]。我们选择 15 个属性,数据格式为:

Age\WorkClass\Fnlwgt\Education\Salary\Education-num\Martrital-status\Relationship\Race\Sex \Capital-gain

\Capital-loss\Hours-per-week\Native-county\Occupation\

对于数据集中的空值,用该属性中出现次数最多的值来替换,预处理后的数据集共有记录 32 561 条。数据泛化类型中 Auto 为系统最后自动生成结构树,Default 为系统默认操作只有一层,原始数据用"＊"作为父节点。在 Adult 数据集测试中,选用 Occupation 为私密属性。数据集 Data2 来源于 Sogou 发布的用户查询日志(SogouQ)2012 版,选取了其中的 32 561 条查询记录,数据格式如表 5-9 所示。其中,用户 ID 是根据用户使用浏览器访问搜索引擎时的 Cookie 信息自动赋值,即同一次使用浏览器输入的不同查询对应同一个用户 ID。本文选取 Cookie 数据中查询条目大于 5 的记录作为用户兴趣挖掘的实验对象,用于挖掘用户兴趣。

表 5-9　数据集 Data2

用户 ID	查询词	返回排名	点击顺序	用户点击的 URL
1120111230000010	哈萨克网址大全	1	1	http://www.kz321.com/
1120111230000010	IQ 数码	1	1	http://www.iqshuma.com/
1120111230000010	推荐待机时间长的手机	1	1	http://mobile.zol.com.cn/148/1487938.html
1120111230000010	满江红	1	1	http://baike.baidu.com/view/6500.htm
1120111230000010	光标下载	1	1	http://zhidao.baidu.com/question/38626533
1120111230000011	快播爽吧	5	1	http://www.dy241.com/

实验数据集 Data 由 Data1 与 Data2 随机合并,合并数据格式为:

Age\Sex\Education-num\Occupation \WorkClass\Salary\ 用户 ID\t[查询词]\t 该 URL 在返回结果中的排名\t 用户点击的顺序号\t 用户点击的 URL

实验中对兴趣条目的上位词和同义词进行了扩增。

2. 实验步骤与分析

第一阶段,基于差分隐私的用户兴趣模型匿名化测试。为简化实验,本测试中泛化处理的准标识符包括 Education、Age、WorkClass 的层次树。主要测试采用差分隐私技术保护后的数据质量,即在不同类时的微聚准确性。实验挑选的效用函数(信息增益,InfoGain)为这些节点打分。

$$\text{InfoGain}(D, v) = H_v(D) - H_v$$

其中,D_v 表示 D 中可以泛化到节点 v 的记录集,$|D_v^{\text{cls}}|$ 表示 D_v 中类值 $\text{cls} \in \Omega(A^{\text{cls}})$ 的个数。$H_v(D) = -\sum_{\text{cls}} \dfrac{|D_v^{\text{cls}}|}{|D_v|} \times \log_2 \dfrac{|D_v^{\text{cls}}|}{|D_v|}$ 是候选点与类属性相关的熵,并且 $H_{v|c}(D) = \sum_c \dfrac{|D_c|}{|D_v|} H_c(D)$ 是给定候选点被细化后的条件熵,其中,$\text{InfoGain}(D, v)$ 的敏感度是 $\log_2 |\Omega(A^{\text{cls}})|$。

实验结果如图 5-10 所示。其中,纵轴为聚类准确性 CA,横轴为聚类的个数,BA 为基准,分别测试了 ε=0.1, 0.3, 0.5, 0.7, 1 和 2<h<11 时,效用函数(InfoGain)的 CA。

第一阶段实验结果分析:①隐私预算 e,对实验结果的影响比较明显,e 越高,准确度越高,原因是高的隐私预算会产生少的噪音和更好的属性划分;②基于差分隐私匿名化算法处理后的数据,实用性并没有受到很大影响,甚至在一些情况下还会比真实数据更高。

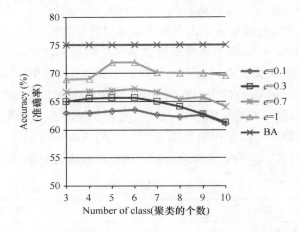

图 5-10   效用函数(InfoGain)的聚类准确率

第二阶段,基于 p-link 的用户兴趣模型再匿名化算法测试:①对用户兴趣进行分词、统计形成原始兴趣模型,初始权重为 1;②进行上位和同义词扩增;③形成扩增后的用户兴趣模型,按照上述算法匿名化处理;④根据原始兴趣模型和匿名化后兴趣模型分别进行检索,分析兴趣模型匿名化对于个性化检索的影响,主要包括查全率和准确率[1]。查全率实验结果如图 5-11 所示,准确率实验的结果与普通搜索结果的比较如图 5-12 所示。

第二阶段实验结果分析:①不同的 p 值相对应的查全率,随着检索相关结果的数量增大,匿名化后检索结果的查全率降低,但能保证在 50％以上;②随着 p 的减小,查全率的影响并不大,原因是即使根据相似度添加了其他用户的兴趣条目,但是该用户的用户倾向即兴趣条目的权值仍能代表用户原始兴趣倾向;③匿名化检索的准确率稍高于普通检索的准确率,原因是经过扩增和微聚后丰富了用户原始兴趣倾向。

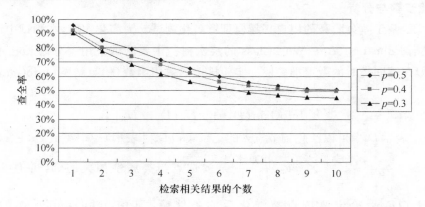

图 5-11   用户兴趣模型匿名化算法中不同 p 值对应的查全率比较

总之,基于 p-link 与差分隐私相结合的用户兴趣模型匿名化方法,没有破坏用户兴趣倾向,可以更好地保证数据的隐秘性和实用性。

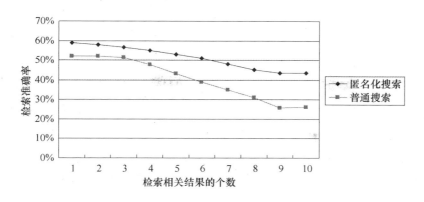

图 5-12　用户兴趣模型匿名化算法中的检索准确率比较

5.4.6　本节小结

本部分提出了基于差分隐私与 p-link 技术相结合的用户兴趣模型匿名化方法：首先，对用户的准标识符进行泛化并添加噪音满足差分隐私保护要求，最大化统计数据库中的查询精度，同时最小化识别个体及属性的概率；其次，根据用户兴趣之间的相似性将其微聚为满足 p-link 的等价组，并计算微聚后等价组兴趣条目的权值和等价组质心；最后，发布匿名化的数据。大量实验证明：该方法结合差分隐私与 p-link 二者特性实现用户兴趣模型匿名化以及用户兴趣基本不发生改变，既能保护用户隐私信息，又能保证个性化检索性能。同时，本研究对隐私保护数据发布技术研究与个性化服务研究具有方法论上的参考价值。

第6章 其他技术

本章主要介绍隐私保护的随机化技术、安全多方计算技术和访问控制技术 3 种方法。

6.1 随机化技术

随机化技术(Randomization)[121]是基于数据失真的一种为集中式数据进行数据挖掘的隐私保护技术。数据随机化技术的基本思想是对原始数据集加入随机噪声,使得原始数据集的概率分布能够保留下来,从而使得原始信息很难被恢复,以此达到隐私保护的目的。随机化技术包括两种:随机扰动和随机化应答。

举一个例子来更好地理解随机化技术处理的基本流程[122]。假设年龄和薪水等为用户的敏感信息,一般用户不愿意泄露,有一个商业机构希望分析客户年龄和薪水与其购买的商品之间的关系,商业机构必须收集有关客户的年龄和薪水等敏感信息。为了解决这个问题,客户的原始(真实)信息发布之前,将客户的数据进行随机化处理,然后再把处理以后的数据发布,商业机构利用发布数据进行重构((Reconstruction)后,再使用数据挖掘的算法(如聚类/分类)对其进一步分析,如图 6-1 所示。

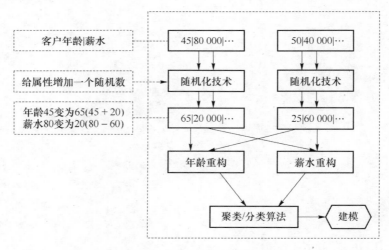

图 6-1 随机化处理过程

6.1.1 随机扰动

在随机化过程中,随机扰动(Random Perturbation)是通过修改敏感数据来实现对数据的隐私保护[123]。

构造一个简单的随机扰动模型[124]。考虑一个数据集 $X=\{x_1,x_2,\cdots,x_n\}$，对于每个原始数据 $x_i\in X$，加入一个随机噪音且噪音服从概率分布 $g(y)$。这些噪音都是相互独立的，并标记为 $y_1,y_2,\cdots,y_n$。因此，修改以后的数据信息为 $x_1+y_1+\cdots+x_n+y_n$，用 $z_1,z_2,\cdots,z_n$ 来表示（如图 6-2(a)所示）[42]。数据发布后，只能获得随机扰动后的数据，从而实现了对隐私信息的保护。如果假设加入的随机噪音方差足够大，那么从扰动后的数据中推断出原数据集将很难实现。因此，原始数据信息不能被恢复，但修改后的数据仍然保留着原始数据集分布 X 的信息。我们注意到 X 加上 Y 生成了一个新的分布 Z。如果我们知道这个新分布的 N 个实例，则可以大体估计出这个新分布。此外，若 Y 分布被公布于众，我们对扰动后的数据进行重构（如图 6-2（b）所示），用 Z 减去 Y 就可以恢复原始数据分布 X 的信息，但不能得到原始数据的精确值 $x_1,x_2,\cdots,x_n$。

输入	① 原始数据为 $x_1,x_2,\cdots,x_n$，服从于未知分布 X
	② 扰动数据为 $y_1,y_2,\cdots,y_n$，服从特定分布 Y
输出	随机扰动后的数据：$x_1+y_1,x_2+y_2,\cdots,x_n+y_n$

（a）数据随机扰动过程

输入	③ 随机扰动后数据：$x_1+y_1,x_2+y_2,\cdots,x_n+y_n$
	④ 扰动数据的分布为 Y
输出	原始数据分布为 X

（b）数据重构过程

图 6-2　随机扰动和重构过程

由于通过扰动数据重构后的数据分布几乎等同于原始数据的分布。隐私保护和数据共享的一个特点：共享的是数据整体趋势而不是具体的个人信息，因此，随机扰动技术能很好地实现隐私保护和数据共享。另外，随机扰动技术是在数据挖掘领域有着广泛应用的隐私保护技术。利用重构数据的分布进行决策树分类器训练后，得到的决策树能很好地对数据进行分类。该技术也被尝试用于解决关联规则问题，但是由于数据属性的离散性质，随机化扰动技术需要做轻微改动，即使用某随机属性出现的概率来代替增加噪音，扰动后的处理再被用于聚集关联规则挖掘。随机化扰动技术同样可以被扩展到类似于 OLAP、基于协同过滤的 SVD 等应用上。

6.1.2　随机化应答

随机应答（Randomized Response）技术[125]是指在调查过程中被调查者以一个预定的概率 P 从两个或两个以上的问题中选择一个问题进行回答，除回答者外的所有人均不知道回答者回答的问题，从而保护了回答的隐私信息，最后得出敏感信息的真实分布情况的一种随机化方法。基于随机化应答技术采用应答模式提供信息，因此多用于处理分类数据。随机化应答技术与随机扰动技术的不同之处在于敏感数据是通过一种应答特定问题的方式间接提供给外界的。

随机化应答模型通过设计两个关于敏感数据的对立问题来进行描述，如调查考生考试作弊情况，设置两个对立问题：

A. 你在考试中作弊了；

B. 你在考试中没有作弊。

然后被调查者根据自己考试中的情况选取一个问题进行应答，但不让提问者知道回答的哪个问题，从而达到对被调查者个人信息的保护。当大量应答者进行回答后，通过计算可以得出 A 问题的应答者比例和 B 问题的应答者比例。假设应答者随机选取问题 A 的概率为 L，$P(y)$ 为被调查者作弊的概率，$P(n)$ 为被调查者没有作弊的概率，则有以下等式成立：

$$\begin{cases} P'(y) = P(y)L + P(n)(1-L) \\ P'(n) = P(n)L + P(y)(1-L) \end{cases}$$

其中，$P'(y)$ 是回答中作弊的比例，$P(y)$ 是作弊的考生的比例。通过以上两个等式，结合所有应答者的回答进行估计，然后得出 $P'(y)$ 和 $P'(n)$，进而可以得到作弊（或没有作弊）考生的比例 $P(y)$（或 $P(n)$）。在这整个过程中，由于不能确定与应答者回答的相关问题，因此，不能确定其是否含有敏感数据值。

在本小节中，我们了解到简单是随机化方法最显著的优点，使用该技术把噪音添加到原始记录上，是独立于原始数据的方法，与其他方法（如 k-匿名）使得原始数据信息受到匿名化程度的影响不同。在实际应用中，一方面，此特点使数据在收集阶段就能进行随机化处理。因此，不再需要一个可信的服务器去对数据进行保存和变换，另一方面，简单性致使该技术存在一些固有的弱点，即随机化技术并不能保证发布的信息不被重新识别，主要原因是随机化方法以一种不考虑原始数据信息分布、平等的方式对待所有记录信息。因此，对于处在分布密集区的数据，被扰动处理后的数据会比原数据更容易受到攻击。

6.2　安全多方计算技术

在使用加密算法时，参与者双方中至少有一方的信息是可以被对方获知的。但是，在现实生活中，我们希望存在一种有效保护参与者隐私信息的方法，即参与者双方希望协同完成一种计算，但是又不希望对方获知自己的运算输入。例如，两个亿万富翁比富的问题，谁都不愿意说出自己拥有多少钱，也即"数据的可用不可见问题"，有没有办法让两个富翁互相不知道对方钱数的情况下找到答案？为了解决这个问题，安全多方计算应运而生。

1982 年，图灵奖获得者姚期智提出了安全两方计算[126]，给出了安全两方计算协议并推出了安全多方计算，安全多方计算由此诞生。1987 年，O. Goldreich 等人提出了可以计算任意函数的基于密码学安全模型的安全多方计算协议[127]，从理论上证明了可以使用估值电路来实现安全多方计算协议。安全多方计算（Secure Multi-Party Computation，SMC）是指在分布式环境下，两个或多个参与者协作计算某个函数，每个参与者输入各自私密的数据，在协议执行完成之后，所有参与者获得所希望的计算结果，而无法得知其他参与者输入信息，从而保护了参与者输入的隐私。安全多方计算属于密码学的研究范畴，是密码学的重要组成部分，而密码学在信息安全方面占有不可或缺的地位，所以安全多方计算具有广泛的应用前景，目前，世界各国的许多专家都致力安全多方计算的研究。

安全多方计算的基本思想是在协同计算的过程中，由参与计算各方将经过加密处理的隐私数据信息传送给其他方作为计算的输入，经过运算后得到自己期望结果的数据处理过程，如图 6-3 所示。安全多方计算是解决一组互不信任的参与方之间保护隐私的协同计算问题，

SMC 要确保输入的独立性、计算的正确性,同时不把各输入值泄露给其他成员。一个 SMC 模型由以下 4 个方面组成:参与方、安全性定义、通信网模型、密码学安全。

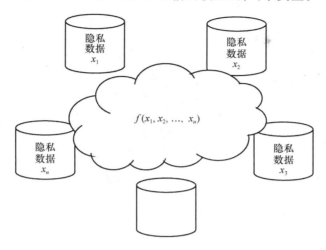

图 6-3　安全多方技术示意图

为了更好地理解安全多方计算,通过一个例子来简单了解安全多方计算过程。假设一对成年男女想谈恋爱,他们想知道另一个人的想法,但是都不想另一人知道自己的想法。为了解决这个问题,在某种协议下,双方输入各自的信息,其中输入 1 表示喜欢对方,输入 0 表示不喜欢对方,然后通过一个给定的函数,得出计算结果 1 或 0,根据这个结果知道他们是否适合继续发展。通过这种计算方式,保护了他们各自的想法不被对方知道,如图 6-4 所示。

图 6-4　安全多方计算示例

在现实生活中的例子有很多,例如,美国国家安全局(National Security Agency,NSA)有恐怖分子名单(数据 A),美国航空公司(American Airlines)有乘客飞行记录(数据 B),安全局去航空公司要乘客飞行记录,航空公司不给,因为是个人隐私;航空公司反过来去安全局要恐怖分子名单,安全局也不给,因为是国家机密。双方都有发现恐怖分子的强烈意愿,但都无法给出数据,有没有办法让数据 A 和数据 B 放在一起共享,但又保障数据安全呢?

安全多方计算使我们做到了数据可开放给用户使用,但不可以给用户看见,即解决了"数据的可用不可见问题"。

6.2.1　安全多方计算的模型

在安全多方计算中,我们希望通过一个严格的数学计算,(理想模型)基于理想的功能协议而不是一个特定的协议能够抵御每一个恶意的参与者可能进行的所有攻击,所以,理想模型定义了整个协议的安全性。理想模型中的协议模拟了一个理想的环境,参与者把输入信息提交给一个可信的第三方,如图 6-5 所示,然后通过可信第三方计算出所期望的结果并返给所有参与者,在此过程中可信第三方保护参与者的输入信息不被其他参与者得知。直观地说,我们希望该协议的作用等同于一个可信的第三方,能够收集各方的输入信息且计算出所需的功能,理想模型的计算被定义为是安全的。

图 6-5　安全多方的理想模型

6.2.2　安全多方计算的密码学工具

在构造安全多方计算协议时,往往需要一些密码学工具。安全多方计算协议中最常使用的密码学基础协议包括秘密共享、不经意传输和同态加密技术。

1. 秘密共享

1979 年,Adi Shamir [128] 和 George Blakley 分别提出了秘密共享的概念。秘密共享(也称为秘密分割方法)是指将秘密被拆分为 n 个碎片,且由 n 个不同参与者保管其中一份,且个人保管的秘密没有可用性。当有足够数量的秘密碎片就可以重建,但重构秘密的类型可能不同。一个秘密共享方案由秘密分发者与参与者的集合、访问结构、秘密空间、秘密分发算法和秘密重构算法来描述。

秘密共享方案在存储具有高度敏感性和重要性信息方面是比较理想的,如加密密钥、导弹发射密码和银行账户编号,每一条信息必须保持高度机密,这些信息的曝光可能带来灾难性的后果,同时实现高水平的保密性和可靠性。传统的加密方法是存在不足的,因为在传统的加密方法中,存储加密密钥必须在更高的保证性和更好的可靠性两个方面做出选择。在现实社会中,不法分子有很多机会得到密钥,通过创建额外的攻击向量增强密钥保密的可靠性越来越重要,秘密共享技术能够解决这一问题,并能够使保密性和可靠性达到很高的水平。秘密共享在云计算进行数据存储方面也具有很大的重要性,由于数据服务提供者可能是不可信的第三方。用户在进行数据外包时,为了保障某些核心数据的安全,可以采用秘密共享的方法,将核心数据作为秘密进行分片,存储在不同的服务器上。数据查询者只有获得足够数量服务器的权限时,才能对秘密进行重构,从而保障数据的安全。

秘密共享无论在实际应用方面还是在理论研究方面,都取得了很大的进展。国内外众多学者纷纷加入到秘密共享的研究中,先后提出了主动秘密共享、可验证的秘密共享、计算安全的秘密共享、空间有效的秘密共享和量子秘密共享等[129]。其中,量子秘密共享是密码学与量子力学结合的产物。在当今社会,随着计算机计算能力的不断发展,基于计算复杂度的传统密码算法的安全性越来越受到考验,而量子密码学恰恰能解决这个问题,因此成了近几年来的研究热点。

2. 不经意传输

不经意传输(又称为茫然传输,Oblivious Transfer,OT)是安全多方计算协议的一种基本方法,最早由 S. Even[130] 等人提出。1981 年,M. O. Rabin 给出了最早的不经意传输协议[131]，该协议实现了"二选一"的不经意传输形式，被记作 OT_2^1（1-out-of-2）协议。随后，OT_n^1、OT_n^k 协议相继被提出，以下是关于 OT_2^1 和 OT_n^k[132] 的定义。不经意传输协议包括两个参与方：发送方和接收方。

定义 6-1 2 取 1 不经意传输协议 OT_1^2：发送方 Alice 输入信息 m_0, m_1，接收方 Bob 随机选择自己所需信息的索引号 $a \in \{0, 1\}$。如果 Alice 和 Bob 诚实执行 OT_1^2 协议后，Bob 就能以 1/2 的概率得到所选择的信息 m_a，但是 Bob 无法获得 Alice 输入的所有信息，且 Alice 无法得知 Bob 的选择。

定义 6-2 n 取 k 不经意传输协议 OT_n^k：发送方 Alice 输入信息 $m_0, m_1, \cdots, m_n$，接收方 Bob 输入其选择的索引号 $a_1, a_2, \cdots, a_k \in \{0, 1, \cdots, n\}$。如果 Alice 和 Bob 诚实执行 OT_n^k 协议后，Bob 就能以 k/n 的概率得到 $m_{a_0}, m_{a_1}, \cdots, m_{a_k}$，但是 Bob 无法得到 Alice 的其他信息，且 Alice 无法得知 Bob 所选择的信息。

3. 同态加密技术

同态加密技术（Homomorphic Encryption，HE）是指对密文进行加密计算，而产生的结果解密后与对明文进行操作后获得的结果相匹配。同态加密也是现代通信系统架构的一个可取的特点，它允许链接不同的服务而不泄露每个服务的数据信息，例，链接不同公司的不同服务可以计算税收、汇率和运输，而交易中不泄露每个服务未加密的数据信息。同态加密方案的设计是可塑的，这使它在云计算环境下保证数据的保密性。此外，各种密码的同态性质可以用来制造许多其他的安全系统，如安全的投票系统、抗碰撞散列函数、私人信息检索方案等。虽然一个密码，无意的可塑性可以在这个基础上受到攻击，如果认真对待同态也可用于执行计算的安全。同态加密分为部分同态加密和全同态加密。

以下从 4 个方面对 HE 进行讨论。

① 公钥加密：由 $\varepsilon(x) = x^a \bmod p$ 定义明文消息 x 的加密过程，其中 p 是模数。因此，公钥加密的同态性为：$\varepsilon(x_1)\varepsilon(x_2) = x_1^a x_2^a \bmod p = (x_1, x_2)^a \bmod p = \varepsilon(x_1 x_2)$。

② 加法同态加密：明文消息 x_1, x_2 的密文为 $\varepsilon(x_1), \varepsilon(x_2)$，计算 $x_1 + x_2$ 的密文 $\varepsilon(x_1 + x_2)$，当且仅当满足 $\varepsilon(x_1) \otimes \varepsilon(x_2) = \varepsilon(x_1 + x_2)$ 时，称该加密技术为加法同态加密，如 Paillier 加密技术[133]。

③ 乘法同态加密：明文消息 m_1, m_2 的密文为 $\varepsilon(m_1), \varepsilon(m_2)$，计算 $m_1 \times m_2$ 的密文 $\varepsilon(m_1 \times m_2)$，当且仅当满足 $\varepsilon(m_1) \otimes \varepsilon(m_2) = \varepsilon(m_1 \times m_2)$ 时，称该加密技术为乘法同态加密，如 ElGamal 加密技术[134]。

定理 6-1 ElGamal 加密技术具有乘法同态特性[135]。

证明：设模数为 p，r 为随机数，m_1, m_2 为明文消息，$\varepsilon(m_1), \varepsilon(m_2)$ 为密文，ElGamal 的公钥为 $\gamma = g^a \bmod p$。则有：

$$E(m_1) = (g^{r_1} \bmod p, m_1 \gamma^{r_1} \bmod p), E(m_2) = (g^{r_2} \bmod p, m_2 \gamma^{r_2} \bmod p)$$

则：

$$E(m_1)E(m_2) = (g^{r_1+r_2} \bmod p, m_1 m_2 \gamma^{r_1+r_2} \bmod p) = E(m_1 m_2)$$

即 $D(E(m_1)E(m_2)) = m_1 m_2$

因此，ElGamal 加密具有乘法同态特性。

④ 全同态加密。上述几个例子允许一些在密文上的同态计算操作（如加法、乘法等）。2009 年，C. Gentry[136] 提出一种基于理想格的全同态加密体制，解决了困扰密码界 30 多年的难题。全同态加密（FHE）是支持任意同态计算的密文系统。这样的方案使程序具有全方面

功能,它在加密输入的同时产生加密的结果,这样的程序不需要解密输入信息,不受信任的一方运行时也不会透露输入信息和内部状态。有效的全同态加密系统在用户数据外包方面有很大的现实意义,如在云计算的背景下。

数据的可用而不可见的一个举例(同态加密数据)如图 6-6 所示。甲方的数据是完全加密的,防止了数据泄露;乙方运行普通的 SQL 可以访问甲方加密数据库;由于甲方采用了同态加密计算,SQL 的一些语义在密文上也可以执行。

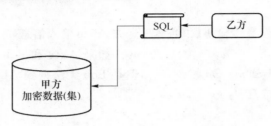

图 6-6　同态加密数据集

6.3　访问控制技术

随着信息化程度的提高,信息系统安全问题显得尤为突出。对于系统的信息安全问题不仅要考虑防御外界攻击的能力,还要考虑阻止系统信息的泄露等系统内部防范措施。访问控制技术起源于 20 世纪 70 年代,当时是为了满足管理大型主机系统上共享数据授权访问的需要,是一种重要的信息安全技术。访问控制技术可以防止非法用户对系统资源的访问和使用,防止非法用户进入系统和合法用户对系统资源的非法使用,加强对共享信息的保护,是提高信息系统安全的重要环节。

6.3.1　访问控制技术相关概念

访问控制[137]是通过某种途径显式地准许或限制访问主体(用户、进程、服务等)对系统资源的使用,也就是限制访问主体是否被授权对客体(文件、系统等)的访问,从而防止非法用户侵入或者合法用户的不慎操作造成系统资源的破坏,访问控制模型如图 6-7 所示。访问控制的一般原理[138]:在访问控制中,访问可以对一个系统或在一个系统内部进行。在访问控制框架内主要涉及请求访问、提交访问信息及通知访问结果,主要包含了主体、客体、访问控制实施模块和访问控制决策模块。实施模块执行访问控制机制,根据主体提出的访问请求和决策规则对访问请求进行分析处理,在授权范围内,允许主体对客体进行有限的访问;决策模块表示一组访问控制规则和策略,它控制着主体的访问许可,限制其在什么条件下可以访问哪些客体。

访问控制包含以下三方面的含义,一是机密性控制,保证数据资源不被非法读出;二是完整性控制,保证数据资源不被非法增加、改写、删除和生成;三是有效性控制,保证资源不被非法访问主体使用和破坏。访问控制系统中有 3 个基本要素:主体(Subject)、客体(Object)及访问控制策略(Access Control Policy),其中第三个要素(即访问控制策略)是访问控制技术的关键内容,如图 6-8 所示。

　　主体是指一个提出请求或要求的实体,是动作的发起者,但不一定是动作的执行者,可以是用户,也可以是任何主动发出访问请求的智能体,包括程序、进程、服务等。传统的访问控制方式对用户的控制方法使用得较为广泛。

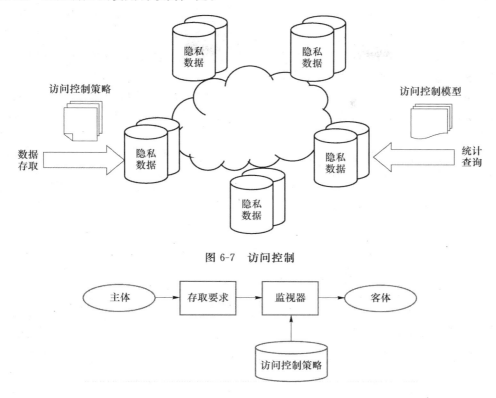

图 6-7　访问控制

图 6-8　访问控制基本操作

　　客体是需要接受其他主体访问的被动实体,包括所有受访问控制机制所保护下的系统资源,在不同应用场景下可以有着不同的具体定义。例如,在操作系统中可以是一段内存空间、磁盘上面某个文件,在数据库里可以是一个表中的某些记录,在 Web 上可以是一个特定的页面、网络结构中的某个广义上的数据包结构。

　　访问控制策略是主体对客体的操作行为的约束条件集。简单地讲,访问控制策略是主体对客体的访问规则集,它直接定义了主体对客体可以实施的具体的作用行为和客体对主体的访问行为所做的条件约束。访问控制策略在某种程度上体现了一种授权行为,也就是主体访问客体的时候,所具有的操作权限的允许。主体进行访问动作的方式取决于客体的类型,一般是对客体的一种操作,如请求内存空间、文件的操作问题、修改数据库表中记录,以及浏览陌生服务器中的某些页面等。

　　访问控制的实施。访问控制的实施主要包括授权和访问检查两个方面。授权指的是将对客体的操作许可赋予主体,制定访问控制策略,提供给访问检查使用。访问检查发生在主体要求访问客体的时候,检查是否存在授权制定的相应的访问控制策略,只有通过检查的操作是允许发生的。

6.3.2　访问控制模型

　　访问控制模型是访问控制技术的核心,建立规范的访问控制模型,是实现严格访问控制策略的基础。经历几十年的发展，先后出现了多种重要的访问控制模型，如自主访问控制和强制访问控制等，它们的基本目标都是防止非法用户进入系统对系统资源进行非法使用和破坏。

1. 自主访问控制

自主访问控制（Discretionary Access Control，DAC）是根据主体所属身份或工作组来进行访问控制的一种方法。基本思想是：主体（用户或用户进程）可以自主地把自己拥有的对客体的访问权限全部或部分地授予其他主体或从其他主体收回所给予的访问控制权限。因此，自主访问控制又称为基于主体的访问控制。

自主访问控制基础模型是访问控制矩阵模型，矩阵的行对应系统的主体，列对应系统的客体，元素表示主体对客体的访问权限。在访问控制矩阵模型中，一般建立基于行（主体）或列（客体）的访问控制方法，如表 6-1 所示。

存取矩阵（M）的定义如下：

$$M = (Mso)s \in S,\ o \in O \text{ with } Mso \subset A$$

其中：

① 主体集合（S），主体（s）；

② 客体集合（O），客体（o）；

③ 存取模式集合（A）；

④ Mso 表示主体（s）在客体（o）上执行的操作。

表 6-1　DAC 基础模型实例

客体 主体	Edit. exe	Fun. dir	Bill. docx
Alice	{execute}	{execute,read}	—
Bob	—	{execute,read，write}	{read,write}

基于行的方法是在每个主体上都附加一个该主体可以访问的客体的明细表，根据表中信息的不同可分为 3 种形式：权能表（Capabilities）、前缀表（Profiles）和口令（Password）。权能表决定用户是否可以对客体进行访问以及进行何种形式的访问（读、写、改、执行等）。一个拥有某种权力的主体可以按一定方式访问客体，并且在进程运行期间其访问权限可以添加或删除。前缀表包括受保护的客体名以及主体对它的访问权。当主体访问某客体时，自主访问控制系统将检查主体的前缀是否具有它所请求的访问权。至于口令机制，每个客体（甚至客体的每种访问模式）都需要一个口令，主体访问客体时首先向操作系统提供该客体的口令。

基于列的自主访问控制是对每个客体都附加一个可访问它的主体的明细表。它有两种形式：保护位（Protection Bits）和访问控制表（Access Control List，ACL）。保护位是对所有的主体指明一个访问模式集合，但由于它不能完备地表达访问控制矩阵，因而很少使用。访问控制表可以决定任一个主体是否能够访问该客体，它是以在客体上附加一个主体明细表的方法来表示访问控制矩阵。表中的每一项包括主体的身份和对客体的访问权。访问控制表是实现自主访问控制的最好的一种安全机制，系统安全管理员通过维护 ACL 来控制用户是否可以访问有关数据。

DAC 已在许多系统中实现（如 UNIX），它的优点是容易实现、思想简单，具有相当的灵活性。而且比较容易查出对某一特定资源拥有访问权限的所有用户，有效地实施授权管理，这一般符合人们对权限的基本认识。然而 DAC 的一个致命弱点是：授权读是可传递的，权限的转移很容易产生漏洞的(无信息流控制)。一旦被传递出去,访问权将难以控制,相当难以管理而且带来严重的安全问题。

2. 强制访问控制

强制访问控制(Mandatory Access Control,MAC)[140]是为了对信息机密性的要求以及抵御特洛伊木马之类的攻击,基于网格(Lattice-Based)的系统强制主体服从访问控制策略的一种访问控制模式。MAC 的两个关键规则:利用不向上读和不向下写来保证数据的完整性,利用下读和上写来保证数据的保密性。MAC 模型如图 6-9 所示。

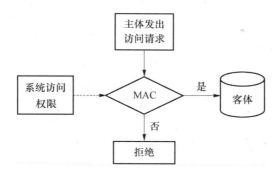

图 6-9　MAC 模型示意图

MAC 的本质是基于网格的非循环单向信息流政策,也就是信息流只能从低安全级别向高安全级别流动,通过无法回避的权限限制来阻止直接或间接的非法入侵。MAC 根据客体中信息的敏感级和访问敏感信息的主体的访问级限制主体对客体实行访问的一种方法。

MAC 最早被应用在军方系统中,系统中的主体和客体都被分配一个强制性固定的安全属性,利用安全属性决定一个主体是否可以访问某个客体。安全属性由安全管理员(Security Officer)分配,主体不能改变自身或其他主体和客体的安全属性。强制访问控制在军事和安全部门中应用较多,访问者拥有包含等级列表的许可,其中定义了可以访问哪个级别的客体,其访问策略是由授权中心决定的强制性的规则。由于 MAC 对客体施加了更严格的访问控制,因而可以防止特洛伊木马之类的程序偷窃,同时 MAC 对用户意外泄露机密信息也有预防能力。但如果用户恶意泄露信息,否则可能无能为力。一方面,由于 MAC 增加了不能回避的访问限制,因而影响了系统的灵活性;另一方面,虽然 MAC 增强了信息的机密性,但不能实施完整性控制,再者网上信息更需要完整性,则会影响 MAC 的网上应用。在 MAC 系统中实现单向信息流的前提是系统中不存在逆向潜信道。逆向潜信道的存在会导致信息违反规则地流动,但现代计算机系统中这种潜信道是难以去除的,如大量的共享存储器以及为提升硬件性能而采用的各种 Cache 等,这就给系统增多了安全漏洞。MAC 缺陷主要体现在工作量较大,不够灵活,并且管理不便,它过重强调保密性。

3. 基于角色的访问控制

随着计算机网络的广泛使用,信息的完整性比机密性越来越重要,DAC 和 MAC 策略现已无法满足信息完整性的要求,于是基于角色的访问控制应运而生。

基于角色的访问控制(Role-Based Access Control,RBAC)[141]是指在应用环境中,在用户和访问权限之间引入角色的概念,通过对用户进行角色认证来确定用户在系统中的访问权限。它的基本思想是根据相应的角色分配规则,系统只问用户是什么角色,而不管用户是谁,用户通过角色的分配和取消来完成用户权限的管理。此访问过程首先实现权限与角色的关联,再实现角色与用户的关联,从而实现用户与权限的关联,利用角色实现用户和权限的逻辑隔离,如图 6-10 所示。特点:用户可以改变,角色不能改变。

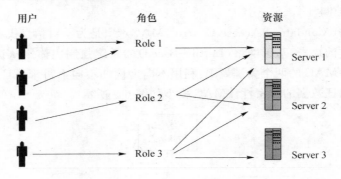

图 6-10　基于角色的访问控制

角色可以看作是一组操作的集合,不同的角色具有不同的操作集,这些操作集由系统管理员分配给角色。在下面的实例中,我们假设 $T_1, T_2, T_3, \cdots, T_i$ 是对应的教师,$S_1, S_2, S_3, \cdots, S_j$ 是相应的学生,$M_1, M_2, M_3, \cdots, M_k$ 是教务处管理人员,那么老师的权限为 T_{MN}＝{上传所教课程的成绩,查询成绩};学生的权限为 S_{MN}＝{查询成绩,打印本人成绩,对教课老师的评价};教务管理人员的权限为 M_{MN}＝{查询,修改成绩,打印成绩清单}。通过角色,简化了各种环境下的授权管理,角色既是用户的集合也是权限的集合。角色是相对稳定的,而用户和权限之间的关系则是易变的。在 RBAC 中,主体是可以对其他实体实施操作的主动实体,可以拥有一个或多个角色。客体是接受其他实体动作的被动实体,是可识别的系统资源,且可以包含另外一个客体。用户就是可以独立访问系统中数据或用数据表示的其他资源的主体。角色-权限分配是根据完成某项任务所需的权限为角色分配一定的访问权限,即建立角色与访问权限的多对多关系。用户-角色分配是根据用户所要完成的任务,为用户授予一定的角色,从而授予访问权限,即建立用户与角色的多对多关系。用户与特定的一个或多个角色相联系,角色与一个或多个访问权限相联系。会话是一个动态概念,用户为完成某项任务激活角色集时建立会话,对角色的分配和权限的分配等进行约束,以适应实际的要求。角色基数是角色可以被分配的最大用户数,这是对角色的一个约束性条件。

RBAC 支持 3 个安全原则:最小权限原则、责任分离原则和数据抽象原则。前者可将其角色配置成完成任务所需要的最小权限集。第二个原则可通过调用相互独立互斥的角色共同完成特殊任务,如核对账目等。后者可通过权限的抽象控制一些操作,如财务操作可用借款、存款等抽象权限,而不用操作系统提供的典型的读、写和执行权限。这些原则需要通过 RBAC 各部件的具体配置才可实现。

基于角色的访问控制具有以下优点:实现了用户和访问权限的逻辑分离,便于最小特权原则的实施,便于管理员对授权的管理,便于文件分级管理,便于根据工作需要分级,责任独立,便于大规模实现。角色访问是一种灵活而有效的安全措施,节约管理开销,系统管理模式明确,当前大部分的数据管理系统采用了角色访问控制策略来管理权限。它的缺点:由于职责分离,由原来对身份标志的窃取变为对角色的窃取,任何一个主体或对象会因此损害到整个对象组和用户组,角色的继承、不加限制的权限授予会导致违背安全性策略。此外,角色重叠的模糊本质会使错误配置成为一种实际的风险。

4. 基于任务的访问控制

1993年，R. K. Thoma和R. S. Sandhu[142]提出了基于工作流和任务的访问控制模型，1994年给出了基于任务的授权模型的概念基础，并于1997年明确提出了基于任务的访问控制模型，使得访问控制不仅与用户相关联，还与当前任务相关联。

基于任务的访问控制模型（Task-Based Access Control，TBAC）是一种以任务为角度，采用动态授权从应用层和企业层角度来解决安全问题的主动安全模型。该模型的基本思想：授予用户的访问权限，不仅依赖于主体和客体，还依赖于主体当前执行的任务和任务的状态，也就是在任务执行前授予权限，在任务完成后权限被冻结。在TBAC中，用户的访问权限控制并不是静止不变的，访问权限是与任务绑定在一起的，权限的生命周期随着任务的执行被激活，并且用户的权限随着执行任务的上下文环境发生变化，当任务完成后访问权限的生命周期也就结束了，因此，它是一种主动安全模型。

TBAC模型由工作流、授权结构体、受托人集、许可集四部分组成。工作流是将各种复杂的商务过程按工程化的要求重新调整，以便进行管理和控制，工作流包括活动、控制流、主体、数据项和数据流5个要素。授权步（Authorization Step）：是访问控制所能控制的最小单元，是指在一个工作流程中对处理对象的一次处理过程。授权步由受托人集（Trustee-Set）和多个许可集（Permissions Set）组成。授权结构体（Authorization Unit）：是由一个或多个授权步组成的结构体，它们在逻辑上是联系在一起的。授权结构体分为一般授权结构体和原子授权结构体。一般授权结构体内的授权步依次执行，原子授权结构体内部的每个授权步紧密联系，其中任何一个授权步失败都会导致整个结构体的失败。授权结构体是任务在计算机中进行控制的一个实例。受托人集是可被授予执行授权步的用户的集合，许可集则是受托集的成员被授予授权步时拥有的访问许可。

TBAC从工作流中的任务角度建模，可以依据任务和任务状态的不同，对权限进行动态管理。因此，TBAC非常适合分布式计算和多点访问控制的信息处理控制以及在工作流、分布式处理和事务管理系统中的决策制定。

6.4 希波克拉底数据库

约2 400年以前的中国孔子时代，古希腊的希波克拉底在《希波克拉底誓言 Hippocratic Oath》警诫人类的职业道德："对我听到、知道和看到的秘密，无论与我业务是否有关，我愿保守秘密。"根据希波克拉底誓言设计了基于希波克拉底数据库（Hippocratic Databases）的隐私保护模型，该模型提供限制隐私泄露的机制，主要思想[143]是在数据库中存储隐私策略、变换规则以及用户的选择，拦截查询语句并且增加语句反应隐私策略以及用户的喜好，利用存储隐私策略和变换规则通过重写查询语句以反映隐私语义，从而达到隐私保护的目的。

6.5 本章小结

在当今社会，数据已经成为一个重要的资源，海量数据的存储、处理和交换正在快速地增长，越来越多的个人信息以及大集合支持数据密集型服务的数据存储设备。然而，在这样一个开放和协作的背景下，服务提供商负责信息存储和高效可靠的传播，研究者或攻击者从这些大量数据进行数据挖掘再抽取有价值的信息，数据持有者的隐私信息受到严重的威胁，从而隐私信息的保护变成一个越来越被重视的问题。通过对本章的学习，我们了解了随机化技术、安全多方计算技术和访问控制技术 3 种保护隐私信息的方法。随机化技术从数据发布上保护数据持有者的隐私信息，它对要发布的原有数据进行随机化处理，但是原有数据的概率分布不会受到影响，数据的统计性质被保留下来，同时也使得原始信息很难被恢复，以此达到隐私保护的目的。

随着企业之间的合作越来越密切，多个企业之间联合数据库进行数据挖掘的现象越来越普遍，在分布式环境下，安全多方计算技术很好地解决了数据持有者不公布自己的私有信息，只想获得联合挖掘结果的问题，它是在无可信第三方参与的情况下，能很好地隐藏数据的信息，保护数据持有者的私有信息。而在私营企业和公共机构的大量数据存储、处理和交换方面，由于这些数据信息存储在系统上却不在数据拥有者的直接控制下，因此，访问控制技术与数据库外包相结合可以对数据持有者隐私信息进行有效的保护。

第7章 基于隐私保护技术的应用

本章重点介绍了隐私保护技术在查询日志发布系统中的应用和在电子商务数据发布中的应用。

7.1 基于差分隐私的查询日志发布系统的设计与实现

7.1.1 研究背景

网络搜索日志的研究对于研究人员越来越重要，因为这些日志能帮助研究员了解搜索行为和搜索引擎的性能。然而，搜索日志通常包含了用户的敏感信息。因此，当考虑发布这些日志给研究人员的时候应该保护好日志中用户的隐私信息。目前，发布搜索日志的方法要么注重于保护用户的隐私，要么注重于对研究人员提高数据的实用性。在这项工作中，我们通过差分隐私保护技术在一定程度上解决了隐私保护与实用性难以权衡的问题。

查询日志中全面地记录了用户使用信息。其中包括由系统自动分配的用户标识号、该 URL 在返回结果中的排名、查询词、用户点击顺序号、用户点击的 URL。搜索日志中包含着海量的历史访问信息，其间包含着潜在的用户反馈。这些信息对提高搜索引擎的检索质量十分有价值。国外对于搜索日志的研究开始得比较早，在 20 世纪 90 年代，就已经有了相关的研究。随着 AltaVista、Lycos、InfoSeek、Google 等搜索引擎的不断发展，搜索日志逐步成为研究人员和学者的研究热点。对大规模商业搜索引擎的搜索日志研究分为基础研究和扩展研究两类：一是搜索日志的基础研究，这类研究是指对日志数据本身的统计与分析，并得出搜索引擎用户的行为特点及规律；二是搜索日志的扩展研究，这类研究通常是指利用搜索日志中潜在的用户行为反馈信息，并反馈给搜索引擎的排序算法、相似度计算以及网页分类聚类等模型中，以提高搜索引擎的检索质量。

针对查询日志的差分隐私保护技术主要考虑两个方面的问题：①如何保证所设计的方法满足差分隐私，以确保不泄露隐私；②如何减少噪音带来的误差，以提高数据可用性。

7.1.2 用户兴趣模型构建

在搜索引擎（如搜狗、Google 和百度等）中，当一个用户提交一个查询并且点击一个或更多结果时，查询日志就新增一个实体，表 7-1 为搜狗查询日志内容。不失一般性查询日志有以下形式：

$$\langle \text{User\_id, Query, Time, Clicks} \rangle$$

User_id：标识一个用户，可以通过很多方法来决定，如通过 Cookies、IP 地址或是用户账号。

Query：查询关键词集合。

Time：用户点击的日期时间。

Clicks：用户点击的 URL 列表。

表 7-1　搜狗查询日志内容

名　称	记录内容
User_id	由系统自动分配的用户标识号
Query	用户提交的内容
URL	用户点击的结果地址
Time	用户点击发生时的日期、时间
Rank	该 URL 在返回结果中的排名
Order	用户点击的顺序号（用户点击的第几个页面）

查询日志可被抽象为用户兴趣模型的集合。用户兴趣模型是描述用户兴趣偏好的特征空间，如何构建用户兴趣模型成为查询日志研究的关键。本文着重对查询项进行研究，查询项可看作关键词的集合。

定义 7-1　用户兴趣模型（User Profile）：一个用户资料 **UP** 可以表示成一个向量，**UP** = $\{\mathbf{tw}_1, \mathbf{tw}_2, \cdots, \mathbf{tw}_n\}$，其中，向量元 $\mathbf{tw}_i = (\text{term}_i, \text{weight}_i)$，$\text{term}_i$ 通常代表了用户兴趣的一个词汇或短语，weight_i 是一个数，表示用户兴趣的量化。如 **UP** = $\{(\text{sports}, 1), (\text{video game}, 0.8)\}$，此用户可能是一个体育和电视游戏的爱好者。此外，数值（$1 > 0.8$）表示这个用户喜欢体育要多一些。本研究是从各种数据源（用户查询历史、Email 和个人文档等）中提取用户资料（User Profile）。

定义 7-2　用户兴趣模型集（User Profile Set）：一个用户组资料 **UPS** 是用户资料的集合，**UPS** = $\{\mathbf{UP}_1, \mathbf{UP}_2, \cdots, \mathbf{UP}_n\}$，$n = |\mathbf{UPS}|$。

7.1.3　基于差分隐私的查询日志匿名化处理

针对用户兴趣模型中准标识符的匿名化，设计了基于差分隐私的匿名化算法。算法思想：第一步，数据预处理（分词）；第二步，将满足差分隐私的数据集通过聚类划分成一些等价组，即用户兴趣模型的聚类；第三步，添加噪音到每一组数据中；第四步，发布处理。

1. 数据预处理（分词）

查询日志需要经过一些预处理来满足算法要求，首要是分词。分词的好坏直接影响相似度计算的准确度。通过查阅大量资料、分析查询日志的性质等，部分采用 IKAnalyser 分词包进行分词。

IKAnalyzer 是一个开源的、基于 Java 语言开发的轻量级的中文分词工具包，是 Lucene 的中文分词部件。从 2006 年 12 月推出 1.0 版开始，IKAnalyzer 已经推出了 3 个大版本。最初，它是以开源项目 Luence 为应用主体的，结合词典分词和文法分析算法的中文分词组件。IKAnalyzer 的特点是采用了特有的"正向迭代最细粒度切分算法"，具有 60 万字/秒的高速处理能力。采用了多子处理器分析模式，支持英文字母（IP 地址、Email、URL）、数字（日期、常用中文数量词、罗马数字、科学计数法）、中文词汇（姓名、地名处理）等分词处理。对中英联合支持不是很好，在这方面的处理比较麻烦，需再做一次查询，同时是支持个人词条的。优化的词典存储,更小的内存占用。支持用户词典扩展定义,可根据自身的项目业务扩展自己的词典和停止词。针对 Lucene 全文检索优化的查询分析器 IKQueryParser,采用歧义分析算法优化查询关键字的搜索排列组合,能极大地提高 Lucene 检索的命中率。本研究考虑在网络环境中数据的特殊性,算法加入网络流行词汇、电视剧/电影大全、明星名字大全等词典提高分词准确率。分词结束后将其组织成用户兴趣模型或词-用户集模型结构放入内存中。

2. 相似度的计算

聚类时需要计算用户的相似度,基于用户兴趣模型进行聚类的基本思想是将用户兴趣模型集利用指数机制聚类为簇集,每个簇中至少包含 k 个用户兴趣模型是相似的。

假设每个用户对应一个查询项,查询项可以是一句话,也可以是一个词。首先利用分词工具将查询项进行分词。一个用户兴趣可以表示为 $\mathbf{UP}=\{t_1, t_2, \cdots, t_n\}$,其中 n 为分词的个数。假设 $N(t_i)$ 表示在查询日志中 t_i 所覆盖的用户集,则两个词 t_i 和 t_j 之间的相似度可以由 Jaccard 系数进行计算(相似度的计算方法 1),公式如下:

$$\mathrm{Sim}(t_i, t_j) = \frac{|N(t_i) \bigcap N(t_j)|}{|N(t_i) \bigcup N(t_j)|}$$

举例说明如表 7-2 所示。搜索北京的用户为 $\{\mathbf{UP}_1, \mathbf{UP}_3, \mathbf{UP}_4, \mathbf{UP}_5\}$,搜索旅游的用户为 $\{\mathbf{UP}_1, \mathbf{UP}_3\}$。所以北京和旅游的相似度

$$\mathrm{Sim}(北京, 旅游) = \frac{2}{4+2} = 0.333$$

表 7-2　事例说明表

用　户	查询项(已进行分词)
$\mathbf{UP}_1$	北京,地图,路线,旅游
$\mathbf{UP}_2$	百度,地图
$\mathbf{UP}_3$	北京,旅游
$\mathbf{UP}_4$	北京,图书馆
$\mathbf{UP}_5$	北京,公交,路线,查询
$\mathbf{UP}_6$	调查,视频
$\mathbf{UP}_7$	研究,环境

相似度可以采用基于同义词词林的词语相似度计算方法(相似度的计算方法 2)[15]来进行两个 term 之间的相似度(关键词的语义距离)计算,相似度越大,词语越相似。

第一步,判断在同义词词林中作为叶子节点的两个义项在哪一层分支(即两个义项的标号在哪一层不同),如 Aa01A01 与 Aa01B01 在第 4 层分支。然后按照下面的公式计算,两个义项的相似度用 $\mathrm{Sim}(A, B)$ 表示。

(1) 若两个义项不在同一棵树上,$\mathrm{Sim}(A, B) = f$。

(2) 若两个义项在同一棵树上:

① 若在第 2 层分支,系数为 a:

$$\mathrm{Sim}(A, B) = 1 \times a \times \cos\left(n \times \frac{\pi}{180}\right)\left(\frac{n-k+1}{n}\right)$$

② 若在第 3 层分支,系数为 b:

$$\mathrm{Sim}(A, B) = 1 \times 1 \times b \times \cos\left(n \times \frac{\pi}{180}\right)\left(\frac{n-k+1}{n}\right)$$

③ 若在第 4 层分支，系数为 c：

$$\text{Sim}(A,B)=1\times1\times1\times c\times\cos\left(n\times\frac{\pi}{180}\right)\left(\frac{n-k+1}{n}\right)$$

④ 若在第 5 层分支，系数为 d：

$$\text{Sim}(A,B)=1\times1\times1\times1\times d\times\cos\left(n\times\frac{\pi}{180}\right)\left(\frac{n-k+1}{n}\right)$$

说明：从第一层判断，若相同乘 1，不同乘以该层系数；再乘以调节参数 $\cos\left(n\times\frac{\pi}{180}\right)$，其功能是将相似度控制在 $0\sim1$，n 为分支层的节点总数，k 为两个分支间的距离。

当编号相同且末尾为"＝"时，相似度为 1；当编号相同而尾号为"♯"时，直接把系数 e 赋给结果，当编号尾号为"@"时，则代表这个词既没有同义词也没有相关词，在编号中只有一个词，所以不予考虑。经过多次试验，人工评定后将层系数初值设置为 $a=0.65$，$b=0.8$，$c=0.9$，$d=0.96$，$e=0.5$，$f=0.1$。

第二步，计算词语相似度，把两个词语的义项分别两两计算，取最大值作为两个词语的相似度值。由于考虑词语出现的次数也影响用户兴趣相似度，所以在每个相似度式子后再乘以系数 $w_A\times w_B$。

用户查询项模型为若干个关键词的向量空间，其相似度计算可以分为下面两种情况：①如果存在权重最大的关键词，可称之为最大兴趣点，最大兴趣点和其他用户的最大兴趣点（集）的最大相似度代表两个用户查询项模型的相似度；②如果权重相同，则将权重相同的每个词（最大兴趣集）与其他所有查询项模型相比较，最大的相似度为这两个用户查询项模型的相似度。

3. 基于差分隐私的匿名化算法

基于差分隐私的匿名化算法（Differential_Anonymization）的基本思想是将用户查询项模型集划分成若干个簇，每个簇中至少包含 k 个用户查询项模型是相似的。具体算法如图 7-1 所示。

输入：用户兴趣模型集 **UPS**，匿名化需求 k，差分隐私预算 ε

输出：用户兴趣模型集的聚类结果 CL

步骤 1：while $|\text{UPS}|\geqslant k$

步骤 2：创建一个新簇 C←UPS 中的第一个元素

步骤 3：for i = 2 to k

步骤 4：找到 UP∈UPS，UP 和簇中心相似，概率 $\propto\exp\left(\frac{\varepsilon'}{2\Delta\text{Sim}}\text{Sim}(\text{UPS},\text{UP})\right)$，其中 $\varepsilon'=\varepsilon/\left(|\text{UPS}|*(\frac{k-1}{k})\right)$

步骤 5：C←UP

步骤 6：更新 Center(C)

步骤 7：end for

步骤 8：CL←C

步骤 9：end while

步骤 10：for UPS 中剩余的元素 t

步骤 11：找到 C∈CL，其中 Center(C) 与 t 距离最小

步骤 12：C←t，更新 Center(C)

步骤 13：end for

步骤 14：return CL

图 7-1　k-分类匿名化的差分隐私算法

4. 实验数据与实验过程

实验数据：选取搜狗网络日志 2008 年 6 月中的 2 000 条记录。

实验过程：首先，利用 IKAnalyser 分词包将日志中的查询项进行分词、统计以形成用户兴趣模型集。同时添加停用词和扩展词典（网络词汇、电影、电视剧、小说等）以提高分词准确率；引入同义词词林进行相似度计算；然后，运行系统并计算相关数据损失度量；最后，发布处理后的数据。

实验结果：在相同的数据集下，基于 Jaccard 系数的词语相似度计算（相似度的计算方法1）比基于同义词词林的词语相似度计算方法（相似度的计算方法 2）效果好，分析其原因，由于相似度计算时，采用 Jaccard 系数比查询项相似度概念的效果好。

5. 差分隐私保护方法的性能度量

满足差分隐私的保护算法需要在保护隐私的同时，保证数据的可用性、计算代价以及隐私预算 ε 的分配策略是否合理。通常包括 3 个方面对隐私保护算法进行度量。

（1）判定是否满足 ε-差分隐私，也就判断了隐私保密性。通常采用差分隐私的定义和性质来证明所设计的算法是否符合 ε-差分隐私要求。

（2）隐私预算 ε 的分配合理度。隐私预算 ε 代表着隐私保护程度。一旦 ε 被用尽，差分隐私算法将失去意义。因此，合理的预算分配策略应尽可能使差分隐私算法更有效。

（3）算法复杂度是指算法运行时所需要的资源，资源包括时间资源和内存资源，算法复杂度是衡量所有算法的一个基本标准，对于差分隐私保护算法也同样如此。一般利用时间复杂度对算法性能进行评估。此外，在分布式环境中，网络通信代价也是衡量算法性能的一个重要指标。

7.1.4　本节小结

随着 Internet 技术的普及，互联网已经成为人们获取信息和知识的重要来源。很多搜索引擎公司为了在一定程度上帮助人们快速、便捷、准确地搜索到所需的信息，便对用户的查询日志做了相应的研究，逐渐衍生了一些对用户日志挖掘的方法。然而一些不法分子使用相应方法对用户隐私进行窥探，给一些用户造成了相应的信息安全威胁。

本节基于 k-匿名和差分隐私理论，对数据发布做了基本的阐述。基于上述理论和聚类算法，本系统采用了 Java、Tomacat、MyEclipse 等技术，实现了一个基于 B/S 结构的数据发布系统。该系统的主要功能有数据的上传、数据的泛化处理、数据的发布、数据的下载等。具体来说，系统首先会对查询日志中的查询词进行分词，再根据用户需要，进行相应处理方式后的聚类，算法性能的控制主要涉及参数 k、簇的大小和 ε。该算法在有效地保护了个人隐私的同时，保证了数据的实用性。

7.2　面向电子商务的隐私保护技术

7.2.1　研究背景

随着电子商务的不断普及，人们在进行网络购物的过程中，难免浏览网页和填写个人信息。这些信息既包含隐私信息，也包含可以推理出用户隐私的准隐私信息。网络经营者充分挖掘这些数据,将其转换成有用的信息,从而准确地发现潜在客户,有针对性地提供个性化服务,进而创造更多潜在的利润空间。数据挖掘者合理利用客户信息本是无可厚非的,但未经过用户允许的情况下收集和利用这些信息,造成个人信息泄露问题日趋严重,越来越多地出现了由于用户隐私泄露而造成用户损失的事件。

在电子商务中,用户隐私信息受到威胁的主要形式有:一是电商直接出售个人资料,损害客户的合法权益;二是电商从中挖掘出具有商业价值的信息,针对性地投放广告;三是木马程序或黑客软件窃取个人信息和隐私数据。为了提高电子商务的效率,促进电子商务持续健康地发展,个人信息保护刻不容缓。

电商数据一般包括消费者的敏感数据,直接公布这些信息侵犯消费者的隐私。先前的数据挖掘探寻到了知识,但泄露了隐私信息。在各种数据分发应用程序时,如果不采取数据保护措施,直接发布可能会导致敏感数据的泄露,从而为数据的所有者带来伤害。然而,在利益的驱动下,很多企业都有从电子商务网站获取数据的需求,所以直接销毁用户信息,既会遭到经营者的反对,也不利于电子商务的快速发展。因此,有必要研究隐私保护数据发布(PPDP)技术,一来确保隐私不被披露,二来更有利于数据的应用。

7.2.2　相关知识

为了方便隐私保护问题探究和叙述,本部分假定以下的前提条目。

(1) 发布数据的情景:规定私人(信息归属人)供应给信息采集者的是原始信息,并且假定信息采集者就是信息发布人,而且其不可能实施隐私侵犯,然而利用发布信息者(接受信息的人)不免会实施隐私侵犯;再者,信息发布人公开的为匿名信息,而非数据挖掘输出值。

(2) 本研究注重显式和隐式的个人信息的隐私保护。在一般情况下,关于个人的详细资料(微数据,Microdata)通常包含 4 类属性,即显式标识符、准标识符、敏感属性和非敏感属性,这 4 类属性集合是不相交的。大多数的数据表假设每个记录代表一个不同记录所有者。其中:①显式标识符,即个体标识属性(Individually Identifying Attribute, ID),包括可以显式表明个体身份的属性,如姓名、身份证号码(PID)、社会安全号码(SSN)和手机号码,能准确确认个体的信息;②准标识符(Quasi-Identifier Attribute, QID)是一个能潜在确认个体属性的集合,如性别、年龄和邮政编码的组合;③敏感属性(Sensitive Attribute, SA)由一些个人敏感信息组成,描述个体隐私的细节信息,如疾病、残疾情况和薪水等;④非敏感属性(其他属性)是不属于前三类属性的所有属性,如教育程度、婚姻状况等。如果发布数据表仅仅简单删除了个体标识属性,隐私信息仍然有可能被推理获得,因为某些准标识属性组的取值是唯一的。如果攻击者具有一个外部数据库,该数据库包含了个体的准标识属性,它可以通过连接两个表来发现敏感属性。

(3) 背景知识:一般环境下,侵犯隐私的人(入侵者)除可以查询公布的数据集之外,还可以通过别的方式获取一些有关对象的数据,把侵犯隐私的人(入侵者)得到的有关公布数据的其他消息就叫做背景知识。如隐私侵害人(入侵者)能够通过其他途径获得有关对象的准标识符,如送货地址、交易时间、籍贯等知识,另外有些入侵者或许从文献或文档里得到发布数据集使用的隐私保护模型等信息,都称之为背景知识。

7.2.3　基于差分隐私的电子商务隐私数据发布算法

算法设计思想:设计利用泛化方法的非交互环境的隐私匿名算法。首先,将去掉原始数据中的标识符;其次,泛化准标识符。采用自顶向下泛化各个属性,把数据集划分为若个等价类,从原始数据库导出一个频率矩阵;然后,添加拉普拉斯(Laplace)噪声,确保符合 ε-差分隐私;最后发布添加噪声的数据集。

以电子商务交易数据为例,首先移除姓名、唯一 ID、订单号等显示标识符。保留敏感属性(成交金额)和准标识符(套餐名、消费所在城市、单价、数量、性别、邮箱、学历)。自顶向下泛化准标识符,泛化到一定程度后,把原始数据划分成几个等价类(里面的所有记录有相同的购买商品信息),从而确定分组,然后在每组真实计数输出值上增添拉普拉斯(Laplace)噪声,最后,发布增添噪声后的分组数据。具体算法的实现如图 7-2 所示。

输入:原始数据集 D,隐私预算 ε,所有属性的分类树 Tax_Tree;//分类树根据具体情况自行设计

输出:泛化数据集 $\hat{D}$

步骤 1:初始化 D 中每个值到根节点;

步骤 2:初始化 Cut 包含所有分类树的根节点;

步骤 3:$\varepsilon' \leftarrow \dfrac{\varepsilon}{2h}$;

步骤 4:计算 Cut 中每个节点的分数;

步骤 5:for n = 1 to h do (3≤h≤9)

步骤 6:选择 $v_i \in$ Cut,以概率 P_{v_i} 输出(2≤i≤k,2≤k≤7);

步骤 7:细化 D 中的 v_i 节点并且更新 Cut;

步骤 8:更新 Cut 中节点的分数;

步骤 9:end for

步骤 10:按类别分组,每一组计数加噪音 Lap(2/ε);

步骤 11:返回每一组及其计数 count

图 7-2　基于差分隐私的电子商务隐私数据发布算法 Diff_Gen[120]

算法说明:在每次循环中,需要用指数机制来选择候选节点进行细化。通常用到两个效用函数 InfoGain 和 Max 来计算每个属性节点的分数,已知 Max 函数的分类精确度高于 InfoGain,因此本文采用 Max 做效用函数。整个算法隐私预算为 ε,平均分配给两种类型的加噪音机制。因此每次选择待细化的节点时所消耗的隐私预算 $\varepsilon' = \varepsilon/2h$,计数查询的敏感度为 1,因此给每个等价组的真实计数添加的噪音数为 Lap(2/ε)。

查询发布的此数据集不能够令隐私侵害人觉察到个人任意特殊的数据,纵然侵害人具备通过别的途径取得的背景知识。

7.2.4　实验数据与实验过程

实验数据集:原始数据(电子商务交易数据集)来源于数据堂官方网站,包含 24 104 条交易记录,经过预处理形成实验数据集(Business 数据集),实验数据格式为:

＜对方账号(姓名),商户订单号,销售所在城市,套餐分类,交易日期,销售单价,购买数,成交金额,邮箱,性别,学历＞

其中包括 4 个连续属性、6 个离散属性和敏感属性成交金额。属性描述如表 7-3 所示。

表 7-3　Business 数据集属性描述

属　性	类　型	属性值个数/数值范围
对方账号(姓名)	离散	12
商户订单号	连续	19
城市	离散	65
套餐分类	离散	67
交易日期	连续	2/1/12～10/1/12
销售单价	连续	0～20 000
购买数	连续	1～8 000
成交金额	类属性	0～1 000 000
邮箱	离散	27
性别	离散	2
学历	离散	8

　　本部分将实验数据集分为训练集和测试集两大部分:训练集占总实验数据集的70%,用于模型的构建;测试集占总实验数据集的30%,用于模型的评估。分类精确度是指分类正确的数据量占总体数据量的百分比。本部分还实施了附加的衡量标准:基线精确度(Baseline Accuracy,BA),也就是真实数据的分类精确度,目的是使对照更加鲜明,分别对照实验结果的信息损失和信息保留程度。

　　具体的实验步骤如下。

　　步骤一:将原始数据集预处理成实验所需要的格式,即形成实验数据集。每个属性的分类树可根据需要自行设计。将实验数据集存储在 MySQL 数据库中,将各个属性的分类树读到内存中。

　　步骤二:运行算法 Diff_Gen 对实验数据集进行泛化,得到泛化数据集。将泛化数据集的70%用来造就分类器。

　　步骤三:利用基于决策树的数据挖掘功效对原始实验数据实施挖掘,从而直接获得基线精确度(BA)。利用基于决策树的数据挖掘功效对分类器实施挖掘,并通过泛化测试集以判断此分类器的分类精确度(CA)。

7.2.5　本节小结

　　本部分设计了基于差分隐私的电子商务隐私保护数据发布系统。主要用到的隐私保护数据发布技术包括基于限制发布的抑制、泛化技术以及基于数据失真的差分隐私技术等。本研究将这几种技术结合起来设计出来的隐私保护数据发布算法,既保护了用户的隐私信息,又保证了数据的可用性,使用户隐私保护和企业利益之间获得更好的平衡。

第8章 动态数据的隐私保护

本章重点介绍了动态数据的隐私保护技术的基础知识、国内外研究现状及发展动态,并提出基于差分隐私的动态数据的发布方法。

8.1 研 究 意 义

大数据时代,通过对海量数据的掌握和分析,可以使人们获得更多关于真实世界的知识,并为用户提供更加专业化和个性化的服务。这种需求极大地促进了数据的发布、共享与分析。例如,医疗机构建立的患者诊断数据集,电子商务系统收集了海量的用户购物信息和评价信息,人口普查系统收录了大量的人口流动信息,电子传感器搜集了大量的实时信息(如交通流量)等。

然而,数据集中通常包含了许多个人的隐私数据,如医疗诊断结果、个人消费习惯以及其他能够体现个人特征的数据,这些信息会随着数据集的发布和共享直接给个人隐私造成威胁。一方面,如果数据拥有者直接发布隐含的敏感信息,而不采用适当数据保护技术,将可能造成个人的隐私泄露;另一方面,对发布后的数据进行分析也给数据的隐私带来了威胁。例如,采用数据挖掘技术对医疗病例记录和搜索日志进行挖掘,可以获得病人所患何种疾病以及用户搜索的行为模式等敏感信息。隐私保护技术可以解决数据发布和数据分析带来的隐私威胁问题,如何发布和分析而又不泄露隐私信息是隐私保护技术的主要目的。以往的研究大部分都是针对静态数据发布问题,而在真实世界中,数据集都是动态更新的,如疾病的监测数据、交通流量的监控数据、在线零售数据、推荐系统等。无论是应急中心还是服务网站都要动态地、实时地发布病人信息或商品销售信息。而这些信息常包含病人和客户的隐私信息,如病人携带HIV+,客户月薪8 000等。由于国内外针对动态数据发布的隐私保护模型并没有深入研究,而时效性数据价值越来越明显,当前社会环境下动态数据发布已经成为学术研究热点[2,89,113],受到了产业界和学术界的不断关注。通过研究实时数据的隐私保护发布可以解决:①为数据发布机构提供可靠的动态数据隐私保护技术;②解决动态数据发布和分析过程中隐私泄露问题;③完善隐私保护在动态数据中的应用,可以使数据机构更加快速、安全地发布数据,供社会团体、研究机构研究分析,由此增加数据利用价值,并且保证用户的隐私不被泄露。

在信息化时代的背景下,实时数据的共享已经成为研究现实世界的重要手段,实时数据的共享带来巨大价值的同时,泄露了个人隐私。虽然删除数据集的标识符属性(如姓名、身份证信息、手机号码等)能够在一定程度上保护个人隐私,但是一些攻击案例[153,154]表明,这种简单的操作远不足以保证隐私信息的安全。因此,能否有效地保护个人隐私、商业秘密乃至国家政治机密是人们面临的一个重要挑战[2]。本项目的研究成果不但可以用于实时数据发布和分析,还适用于数据挖掘、推荐系统、搜索日志实时发布等研究领域。

定义 8-1 实时数据是动态数据的一种形式,随着时间的变化,数据不断地进行更新,是数据流形式。实时数据举例如下所示。

① 疾病应急中心的监测数据:一家医院将 SARS 病毒携带者的实时数据提供给第三方机构(如疾病应急中心),这样第三方机构便可以更早地去监控和控制季节性、流行性疾病的大范围爆发。

② 交通流量的监控数据:一个 GPS 的服务商提供个体用户关于位置、速度等相关信息。这些统计数据(如在某个时间段某个地区用户的数量)能够带来很多的社会利益(某条路段的拥堵压力)和商业利益(一个受欢迎的地段)。

③ 推荐系统中的实时数据:Amazon 与 Flickr 等网站实时推荐系统中的数据都是实时变化的。

8.2 国内外研究现状及发展动态分析

数据的隐私保护问题最早由统计学家 T. Dalenius[6] 在 20 世纪 70 年代末提出。他认为保护数据库中的隐私信息,就是使任何用户(包括合法用户和潜在的攻击者)在访问数据库的过程中无法获取关于任意个体的确切信息。虽然这一定义具有理论上的指导意义,但显然它是主观的和模糊的。以这一定义为目标,学者们在后续的研究中提出许多量化指标更加明确、可操作性强的隐私保护模型和方法。2001 年以来,数据隐私保护得到重视和研究。2010 年,从 Facebook 到维基解密,再到基于 Google 街景的应用"I Can Stalk U",使在线数据隐私问题成为全民关注的热点。

从已有的研究来看,k-anonymity[7] 及其扩展模型在隐私保护领域影响深远且被广泛研究,这些模型基本思想就是将数据集里与攻击者的背景知识相关的属性定义为准标识符,通过对记录中准标识符进行泛化、压缩等处理,使得所有记录被划分成若干的等价类,每个等价类中的记录具有相同的准标识符信息,从而实现将一个记录隐藏在一组记录中,这种类型的保护模型被称为基于分组的隐私保护模型。如 L. Sweeney[7] 提出了 k-匿名模型,它要求发布表中的每个元组都至少与其他 $k-1$ 个元组在准标识属性上完全相同,能防止身份暴露(常导致属性暴露);A. Machanavajjhala 等[7] 进一步提出了 l-多样化模型(l-diversity),它要求每个准标识分组中至少包含 l 个不同的敏感属性取值,这一模型扩展了 k-匿名模型,对敏感属性的多样化提出了要求,并对敏感属性的多样化给出多种不同的解释。这一模型能防止直接的敏感属性泄露;Li Ninghui 等[8] 提出的 t-接近模型(t-closeness),它要求每个等价类的敏感值的分布要接近于原始数据表中敏感属性的分布,这一模型能防止直接的敏感属性泄露;Xiao Xiaohui[17] 提出了一种个性化的匿名模型,在分析隐私泄露的概率时,分成两种情况:一种为主键场景,其中单一个体对应的元组不能超过一个;另一种为非主键场景,其中单一个体可以对应任意多个元组。模型假设存在两种类型的属性,准标识属性和敏感属性。R. C. W. Wong 等[16] 提出了一种属性同时含有敏感值和标识值的框架;G. Ghinita 等[27] 定义了隐私等级 p,表示特定的敏感属性被关联的可能性为 p 的倒数($1/p$);Xu Yabo 等[28] 提出了(h,k,p)一致性隐私模型,k 的倒数($1/k$)代表了将一个人关联的可能性,h 代表与一个人关联的隐私项,p 代表了攻击者的能力;He Yeye 等[31] 提出 k^m-anonymity 模型,并不区分敏感项和非敏感项,其中，k 的倒数代表与个人关联起来的可能性，m 代表攻击者的能力。但是，他们没能防止在个人与潜在敏感项之间的链接攻击；童云海等[34]分析了单一个体对应多个记录的情况，提出一种保持身份标识属性的匿名方法，取得了一定的成果，保持隐私的同时进一步提高了信息有效性；李太勇等[44]提出一种通过两次聚类实现 k-2 匿名的隐私保护方法；文献[116]设计了 p-链接性的等价组兴趣模型匿名化方法，在保证用户隐私的情况下提高个性化搜索质量，但很难防范任意背景知识下的攻击；(a,k)-anonymity[16]、M-invariance[14] 等模型相继提出，用来抵御"一致性"攻击；m-confidentiality[156]模型用来抵御"最小型"攻击，"合成式"攻击[157]、"前景知识"攻击[158]、"deFinetti"[159] 攻击等都是针对基于分组的隐私保护模型的攻击。

总结以上模型的主要的 3 个特点：①绝大多数实用模型都考虑攻击的具体类型（特定攻击）和假设攻击者有有限的背景知识；②隐私保护数据发布绝大部分的工作都致力结构化或列表式数据；③绝大多数实用模型针对静态数据的发布。

总结以上隐私模型主要的两个不足：①只适应特定背景知识下的攻击而存在严重的局限性，也就是针对特定攻击和假设攻击者有有限的背景知识而构建的，大量的算法是为了满足以上某一种模型而改变数据集，所以，一个与背景知识无关的隐私保护模型才可能抵抗任何新型的攻击；②这些隐私保护模型无法提供一种有效且严格的方法来证明其隐私保护水平，因此当模型参数改变时，无法对隐私保护水平进行定量分析。这个缺点削弱了隐私保护处理结果的可靠性。因此，研究人员试图寻求一种新的、鲁棒性足够好的隐私保护模型，能够在攻击者拥有最大背景知识的条件下抵抗各种形式的攻击。差分隐私（Differential Privacy）[111,160]的提出使得实现这种设想成为可能。

差分隐私能够解决传统隐私保护模型的两个不足。首先，差分隐私保护模型建立在坚实的数学基础之上，对隐私保护进行了严格的定义并提供了量化评估方法，使得不同参数处理下的数据集所提供的隐私保护水平具有可比较性。其次，它假设攻击者能够获得除目标记录外所有其他记录的信息，这些信息的总和可以理解为攻击者所能掌握的最大背景知识。在这一最大背景知识假设下，差分隐私保护无须考虑攻击者所拥有的任何可能的背景知识，因为这些背景知识不可能提供比最大背景知识更丰富的信息。

近些年来的一系列研究[161-164]使其理论上不断成熟完善，因此，差分隐私理论迅速被业界认可，并逐渐成为隐私保护领域的一个研究热点。A. Korolova 等[36]提供了一种基于差分隐私保护的匿名方法，但是匿名数据的效用有限。P. Kodeswaran 等人[39]将差分隐私和查询日志应用于交互的查询框架中，但是当在一定的查询上示范其有效性时，它并不清楚在个性化网络搜索中的互动机制是如何运作的。Li Ninghui 等人[119]提出了一种将 k-anonymity 模型和差分隐私保护模型结合起来的新方法并称之为"安全 k-匿名"模型，他认为，通过对原始数据集进行随机抽样，增加数据集的不确定性，相当于减少了差分隐私保护中对攻击者所掌握的知识假定，但其缺点在于仅仅提出了一个理论框架，对于如何实现一个满足 ε-差分隐私保护条件的抽样函数等问题并未给出具体解决方案。苑晓姣等[144]提出一种基于差分隐私的搜索日志匿名化算法，通过构建用户查询项模型，采用 Jaccard 系数进行关键词相似度计算并利用所求结果对用户查询项模型进行聚类，取得了一定的效果。N. Mohammed 等人[165]采用"自顶向下，逐步细分"的策略提出了一种针对决策树分析的差分隐私保护数据发布算法 DiffGen，虽然该算法能满足差分隐私保护的要求，但没有充分利用给定的预算，导致加入不必要的噪声。因为算法在每次迭代中都为连续属性的处理分配了一定的隐私保护预算，但事实上只有在上一次迭代时选择连续属性细分方案的前提下，本次迭代才需要重新处理连续属性。因此，除非每次迭代均选择连续属性细分方案,整个预算 ϵ 才能够得到完全充分的利用;T. Zhu 等人[166]对 DiffGen 进行了改进,提出了一种新的决策树构建算法。S. P. Kasivisiwanathan 等人[167]结合差分隐私提出了隐私保护学习的概念,并得出结论:如果一个概念类别在无隐私保护要求和多项式样本复杂度下是可学习的,那么它在差分隐私保护条件下也是可学习的,这个结论验证了在学习理论中引入差分隐私的可行性,使之能被应用于更广泛的领域。A. Blum 等人[168]则研究在差分隐私学习成立的前提下,能否在定义域中搜索到满足条件的净化数据集。M. Hardt 等人[169]提出的基于阈值学习的隐私数据发布算法。C. Dwork 等人[170]提出 Boosting 算法。T. H. H. Chan 等人[171]提出了 P-Sum 方法,实质上是对实时数据进行重新划分,只有在实时数据累积增加到阈值 P 的时候,才加上噪声重新发布新的结果,但该方法并没有解决隐私保护预算耗尽后的机制失效问题以及累积噪声随发布次数迅速增大的问题;康海燕[1]提出了基于差分隐私和 p-link 结合的个性化检索中用户兴趣模型匿名化框架,在小数据集上效果很好,但没有实现动态数据的差分隐私。

总结以上差分隐私模型的两个主要特点:①绝大多数实用模型针对静态数据的发布,未考虑数据动态变化时带来的挑战。而在实际应用中的数据通常随时间动态演化,无法应用到动态数据发布;②差分隐私作为一种新出现的隐私保护框架,能够防止攻击者拥有任意背景知识下的攻击并提供有力的保护,大部分工作仍停留在理论研究上。

目前,面向实时数据发布的差分隐私保护研究中,难点主要有两个[2,172]:一是噪音大,新发布的数据必须包含之前数据发布中包含的噪音,随着发布次数的增加,噪音的累积也不断增加,会使得发布数据与原始数据有着非常大的差异,数据的实用性会极差;二是隐私保护预算的耗尽问题,现有的机制需要预先定义发布的次数,然后分配隐私保护预算,当数据持续更新超出这个次数时,预算被耗尽,发布机制失效。

总之,随着实时数据分析和发布等应用需求的出现和发展,如何保护隐私数据和防止敏感信息泄露成为当前面临的重大挑战[172]。虽然目前国内外有很多研究者在数据发布和分析方面进行了大量卓有成效的工作,特别是解决问题的方法有很多可借鉴之处,但直接针对实时数据分析和发布的隐私保护技术还相当缺乏。

8.3 基于差分隐私的动态数据的发布方法

1. 研究问题

动态数据是随着时间的变化,数据不断地进行更新。更新后数据发布必定包含前一个时间点更新发布的噪音,那么随着时间的推移,发布次数增加,噪音的累积也不断增加,噪音的累积会使得发布数据与原始数据有着非常大的差异,数据的实用性会非常的差。因此,在动态(实时)数据的发布中,既能满足用户隐私安全又具有很高实用性的发布机制是人们迫切需要的。

2. 解决方案

动态(实时)数据发布研究方案,如图 8-1 所示。

3. 具体步骤

第一步,利用敏感属性抽取模型对高维数据进行降维处理。

如果是高维数据,则普遍存在"维数灾难"和处理结果不理想等问题,需要进行降维处理。本项目采用基于核函数的主元分析数据降维方法(Kernal Principal Component Analysis,KP-

CA），其基本原理是：基于核函数原理，通过非线性映射将输入空间投影到高维空间，然后在高维特征空间中对映射数据做主元分析，因而具有很强的非线性处理能力。如果是低维数据，不做处理。

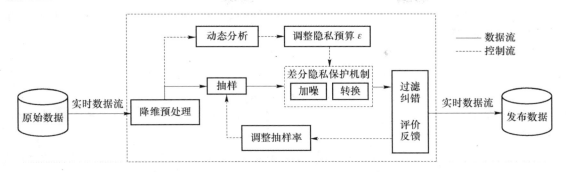

图 8-1　动态（实时）数据发布研究方案

　　实际应用中，首先每一个主成分都是数据在某一个方向上的投影，在不同的方向上这些数据方差的大小由其特征值决定。一般我们会选取最大的几个特征值所在的特征向量，这些方向上的信息丰富，一般认为包含了更多我们所感兴趣的信息。这里的假设：①特征根的大小决定了我们感兴趣信息的多少，即小特征根往往代表了噪音，但实际上，向小一点的特征根方向投影也有可能包括我们感兴趣的数据；②特征向量的方向是互相正交的，这种正交性使得PCA 容易受到异常值的影响。

　　然后，将高维数据转化为向量之间的点积，指定一个核函数来代替点积，如图 8-2 所示，即：

$$(x_i, x_j) \rightarrow K(x_i, x_j) = \Phi(x_i) \cdot \Phi(x_j)$$

我们只需要对核函数进行计算，不需要显式地将数据映射到高维空间进行处理。核函数可以让算法具有非线性分析能力，选用不同的核函数就可以分析不同的非线性特征，而这一切不会增加算法的复杂度。

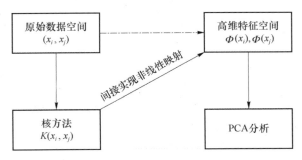

图 8-2　KPCA 降维方案

第二步，基于抽样和过滤技术的自动调整抽样率方法。

　　基于抽样和过滤技术的自动调整抽样率方法，主要包括抽样、添加噪音、过滤、自动调整抽样率，发布满足差分隐私保护的净化数据。

　　设原始数据集 D，将原始数据集 D 看作实时数据集 $D = \{x_i\}$，$0 \leq i < T$，T 为数据集合总个数，隐私预算为 ε，最大抽样数为 M；转换后的实时数据为 $R = \{z_i\}$，则研究方案如下所示。

　　① 降维：如果是高维数据，进行降维处理，否则，不做降维处理。

② 抽样:根据预估计,确定一个随机抽样函数 A_m,并对原始数据集 D 进行抽样,得到实时抽样集 $S_D = A_m(D)$。

为找到一个最佳的抽样间隔,本项目引入过滤机制,该机制也是研究重点之一。对原始的实时数据集进行随机抽样,可增加数据集的不确定性,相当于减少了差分隐私保护中对攻击者所掌握的背景知识假定。

③ 加噪:在实时抽样集 S_D 的每一个抽样(如第 k 个抽样)中,添加噪音(如拉普拉斯噪音):

$$x'_k \leftarrow 扰动\ x_k\ by\ Laplace(0, \varepsilon/M)$$

因该机制自定义抽样点最大的个数值为 M,如果抽样点个数大于 M,隐私预算耗尽,整个机制停止运行。根据差分隐私的定义,该机制满足 (ε/M)-差分隐私。

④ 过滤:对添加噪音后的所有数据(抽样和非抽样数据)进行过滤,即后估计,根据后估计是否超出误差范围进行纠错和反馈。

过滤机制的运作是将前一个时间点发布的数据值当作抽样点的先验估计值,然后根据抽样点添加噪音后的观测值与先验估计值,得出抽样点的后验估计值。在已有差分隐私的保护中,采取过滤机制过滤噪音的研究极其的稀少。本研究的过滤是对实时数据抽样后的处理,因此,使用离散时间点上的改进的 Kalman 滤波算法——自适应 Kalman 滤波算法。主要包括两部分:预测(时间更新方程)和校正(测量更新方程),它们分别涉及先验估计值和后验估计值,如图 8-3 所示。

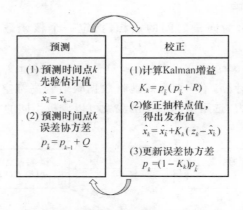

图 8-3　自适应 Kalman 滤波工作原理

⑤ 调整抽样率:若后估计超出误差范围阈值,则动态地调整抽样率;若后估计在误差范围内,则直接输出,实现动态 ε-差分隐私保护。

⑥ 聚合非抽样数据和抽样加噪音数据集。

⑦ 输出:最后将满足差分隐私的净化数据集进行发布处理。

对于非抽样点的数据,我们采取与抽样点处理数据聚合后直接发布,由于过滤机制的要求,非抽样点的数据可能会用于抽样点数据的预测。

第三步,基于动态分析技术的自动调整隐私预算方法。

基于动态分析技术的自动调整隐私预算方法也是研究重点之一。主要包括分析实时数据,自调整隐私预算,保护用户隐私并降低噪音。

已知某一时刻 i 的原始实时数据集为 D,设隐私预算为 ε,数据精度为 α,净化数据集(已发布数据集)D';实时数据引入数据增量 β,某一时刻 $i+1$ 的数据集为 D_β 且 $D_\beta = D + \beta$,(引入数

据增量 β 后)净化数据集为 D'_β。则研究方案如下所示。

① 降维:如果是高维数据,进行降维处理,否则,不作降维处理。

② 聚类:采用 $k\text{-means}$ 聚类算法对实时数据集(D 和 D_β)进行分析。

第一步,对实时数据集(D 和 D_β)分别随机选出 k 个数据作为中心数据。

第二步,计算剩余数据到中心数据的距离(欧式距离),并进行数据聚类。

③ 分析:分析聚类结果,找出实时数据集(D 和 D_β)的差异,求出抽样中心点离散度和差异阈值,为自适应差分隐私保护(调整隐私预算)作准备。

④ 调整隐私预算 ε:根据抽样中心点离散度、差异阈值,结合数据精度 α,使用自适应算法调整差分隐私预算 ε 为 ε',解决隐私预算耗尽问题,保护用户隐私并降低噪音。

⑤ 重复执行步骤②～④。

第四步,实时数据的评价和发布。

举例,时序数据的发布描述,如图 8-4 所示。

输入:时序数据集 X,隐私预算 ε,k 为任意时间点。

输出:发布数据集 R。

步骤一:自定义抽样间隔 t,for $t = 1$ to n

步骤二:数据按每秒导入,if $k \% t == 0$

步骤三:z_k perturb x_k by Lap$(0, T/(\varepsilon t))$ // T 是时间序列的长度

步骤四:Kalman 过滤①预测:$\hat{x}_k = \hat{x}_{k-1}$②修正:$\hat{x}_k = \hat{x}_k + K_k(z_k - \hat{x}_k)$

步骤五:发布数据 r_k

步骤六:else

步骤七:发布数据 r_k x_k

步骤八:$k ++$

步骤九:循环步骤 2～8

步骤十:计算互信息值 $I(X,R)$,评价 t,并调整

图 8-4　时序数据发布算法

8.4　本章小结

随着大数据时代的到来,数据发布的应用范围越来越广泛。目前,静态数据发布研究已经趋于完善。然而动态数据由于其数据本身的性质和不确定性,使得静态发布技术无法在数据实用性和安全性上达到很好的平衡。本文针对动态数据(实时数据)提出了一种抽样过滤技术的差分隐私保护模型。首先,利用固定抽样法对原始时序数据进行抽样,非抽样数据直接发布。其次,对抽样数据采取差分隐私保护机制进行加噪。再次,运用 Kalman 过滤技术对保护后的抽样数据进行预测修正再发布。最后,通过评价机制对不同抽样间隔下的数据进行评价。

第9章　网络隐私保护策略

　　本章重点介绍了网络隐私保护的策略及存在的问题。从法律法规方面,研讨个人隐私保护相关的政策法规框架的建立,提出关于隐私保护的法律法规方面的建议;从管理方面,研讨管理层面的网络隐私保护策略;从个人方面,研讨个人层面的网络隐私保护策略和防范方法。

　　自从人类步入文明时代以来,人们就开始面对隐私的保护问题,如图9-1所示。圣经中,亚当和夏娃被毒蛇引诱偷食禁果后,就发现自己身体的某些部位应该用树叶之类的事物来遮挡。故事虽是杜撰,却是人类隐私保护发展进程中最初阶段的真实写照。在19世纪以前,由于人类科技进程缓慢发展,人们对自己隐私的关注范围仅仅限于掩饰自己身体某些部位、个人生活空间等狭窄的范围。在当时的社会环境下,人与人之间通过面对面的交流接触,生活圈中出现的个人极其稀少,个人生活也不易受到他人骚扰,对隐私的保护很难受到重视。随着人类文明的发展,人们发现长久以来个人生活的环境在新时代面前变得愈加透明。于是,个体隐私逐渐被人们重视,隐私也不断地延伸到各个领域学科之中。

图 9-1　隐私保护

　　数据隐私保护策略:在一个特定的环境下,为了实现一定级别的安全保护所必须遵守的规则。保护隐私的原则和措施会因实体的不同而不同,就像我们在日常生活中常看到的,在现有的法律法规下,各种组织机构往往是从管理策略和技术的角度上去考虑如何保护隐私,而个人则会更多地考虑个人意识或习惯上的保护。一般地,保护隐私有4个方面。

　　(1)威严的法律

　　隐私保护需要完善的法律,如欧盟、加拿大、美国、澳大利亚已采取相应措施。

　　(2)先进的技术

　　隐私保护应采用主动防御技术,技术不是万能的。这里,技术是所有能够用于保护隐私的技术的统称,可划分成物理安全、加密技术、匿名技术等分类。从保护个人隐私的角度来看,加密技术和匿名技术是当前比较通用的隐私保护技术,加密技术能够防止非法用户访问个人存储的隐私信息,也能够保护在通信网络中传输的隐私信息不被无关或恶意的第三方所解读。匿名技术(包括反垃圾邮件技术、匿名软件、代理服务器等)能够在个人用户使用互联网各种功能时提供相当高的匿名性(隐私的重要组成部分),也可以防止用户个人信息的意外泄露。而组织机构则更多地使用物理安全或加密技术等手段来保护隐私数据,如各种物理访问控制方案及企业级加密产品在各种组织机构中的广泛使用。显然,技术也是一把双刃剑,技术的进步也往往令各种隐私的威胁进一步加大。各种更先进的监视产品、数据挖掘技术和人工智能技术的推出,让使用者能够轻而易举地从海量的数据中定位出一个人的真实身份。因此,技术领域将成为隐私所有者和破坏者的战场,如何借助技术的进步来保护自己的隐私,并防御同样拥有技术进步优势的隐私威胁,是隐私保护探讨的核心内容。

(3)严格的管理

网络隐私保护中,三分靠技术、七分靠管理,包括行业自我监管,各行业制定隐私保护政策,并在其网站上公布。

(4)用户的教育

人是网络中最薄弱的环节,加强对消费者和 IT 人员的隐私宣传教育。因此,提高个人的防范意识是保护网络隐私权的关键。只有树立起"防人之心"的意识,个人的网络隐私权才有较好的保障。

隐私信息的收集者对隐私信息的收集,在大多数时候必须依靠个人自愿提供。这时,如果个人不希望自己的隐私信息被收集者所获知,通常会采取一些手段,如拒绝提供不愿第三方知道的隐私信息,或提供虚假的、有误导性的、不完整的隐私信息。一个在日常生活中常见的例子是会员卡,在申请各种收费或免费会员卡的时候,发卡方都会要求申请卡的个人填写一张申请表,这张申请表上通常要求填写一些申请人的隐私信息,如教育程度、年收入水平或消费的习惯等。由于发卡方往往没有办法或不去验证这些隐私信息的真实性,许多申请人会出于保护自己隐私的目的,填写一些不完整或虚假的信息。当然,对于一些官方性质的调查或其他要求提供真实有效信息的场合,个人还是应该提供真实信息的。因此,可以总结出这样一条个人隐私保护的原则:在提供真实的隐私信息并非必要的场合时,个人可以通过提供虚假的、有误导性的或不完整的隐私信息,来达到保护自己个人隐私信息的目的。这也符合用户的隐私保护原则:用户的匿名性(Anonymity)、用户行为不可观察性(Unobservability)、用户行为不可链接性(Unlinkability)和用户假名性(Pseudonymity)。

9.1 法律层面的网络隐私保护

随着信息化时代的飞速发展,人们在张开双臂迎接信息化的同时,也敞开了自己"私隐"的大门。网络裸奔时代更需要法律的呵护,保护隐私不仅仅是个人的事,也涉及政府参与并通过立法的手段加以保护。在信息化时代,大部分人们喜欢通过互联网进行交流、购物等活动,人们不必实体间的接触,便可以操作大部分事情。那么假如这些个体的隐私得不到应有的保护,人们的数字化生活将会缺乏安全感,将给社会带来更多潜在的不稳定因素。虚拟社会里,人的物质性被隐去,个体在网上的活动不会发生实体性接触,个体之间也难以辨认,个体的身份标记是互联网上所提供的个体资料。因此,网络隐私保护的重点就是对于用户的个体资料的保护。

美国靠自律,欧洲有严格的法规,日本保护意识强。在法律层面的网络隐私保护问题上,欧洲被认为是信息化时代个体隐私保护的领导者,早在互联网的起步阶段,欧洲人就意识到了保护个人隐私的法律问题。在信息化的进程中,欧洲以发挥欧盟旳整体力量为主,各国根据实际情况制定有利于本国互联网发展、有利于网络隐私安全的政策措施。欧盟采用以法律规制为主导的网络隐私权保护模式,其基本做法是通过制定法律的方式,从法律上确立网络隐私权保护的各项基本原则与各项具体的法律规定和制度,并以此为基础,采取相应的司法或者行政救济措施。欧盟成员国也根据自身国家的要求制定了符合本国国情的隐私保护和个人数据保护的规定,这些规定也并不是全部起源于欧盟机构,例如,有欧盟成员国参与的经济合作与发展组织和联合国等组织也都实行了对重要数据进行保护的原则。在这些种类繁多的关于隐私和个人数据保护的规定中,1995 年欧盟通过的《欧盟个人数据保护指令》是欧盟数据和个人信息保护规章的核心。各欧盟国家也分别制定国内的相关法律,保护信息安全。

9.1.1　欧盟关于网络隐私保护的法律法规

欧盟在网络隐私保护上,普遍采取严格的立法规制思路,他们认为个人隐私是法律赋予个人的基本权利,必须依靠国家立法,依靠国家力量赋予保障权利,应当采取相应的法律手段对用户的隐私安全加以保护。

1981 年,欧洲理事会制定了《保护自动数据信息处理中的个人数据信息公约》(Convention for the Protection of Individuals with regard to Automatic Processing of Personal Data)[173],它是目前世界上第一个有约束力的关于隐私权保护的国际公约。该公约为欧洲各国制定统一的信息隐私权标准,并提出了一系列重要的信息隐私保护的原则:如“个人信息必须公正地获得和处理”;“只能为合法的目的存储和利用,这种目的必须是充分、相关和不过分的”;“个人信息存储的时间不得超过必要的限度”。但是,事实上这个公约的后续效果并未能如公约起草者所预期的那样,欧洲各国关于信息隐私保护的标准仍然是参差不齐的。

欧洲议会的发展为欧洲联盟且各国对个人信息和隐私保护意识更加浓烈,尤其是互联网上的个人隐私保护问题不容忽视。1995 年,欧盟通过了《个人数据保护指令》,这项指令覆盖面广,给成员国及其公民个人相互间进行的信息交流提供了一整套的方法。该指令几乎囊括了所有处理个人数据的问题,核心包括个人数据处理的形式,个人数据的收集、记录、储存、修改、使用或销毁,以及网络上个人数据的收集、记录、搜寻、散布等,它规定各成员国必须根据该指令调整或制定本国的个人数据保护法,以保障个体数据资料在成员国间的自由流通。该指令要求各成员国保护数据主体的基本权利和自由,尤其在保护个人数据处理方面,指令还规定了数据主体的权利和数据控制者的义务。

1997 年,欧盟制定了《电信事业个人数据处理及隐私保护指令》。该指令是对 1995 年指令在电信领域内的特殊延伸和补充,特别保护用户的合法利益,并特别强调适用于在共同体内经由公众电信网络的公众电信服务相关的个人数据处理,尤其是经由整合服务数字网络及公众数字移动网络者。这个指令中所指的“个人资料”(personal data)为:与特定或可特定的自然人相关的所有信息,不限种类及形式。这个指令中所指的“个人数据处理”(processing of personal data)包括:无论以自动或非自动的方式处理“个人资料”的运作,都表明这个指令在适用范围上十分广泛,包括所有的个人资料且不限适用对象,只有在下述两种情形下不能适用，即：①于共同体法律适用范围以外的活动，如事关国家安全的刑事法；②自然人在纯粹属于私人活动领域内的资料使用。

2000 年，欧洲议会和欧盟理事会通过《关于与欧共体和组织的个人数据处理相关的个人保护以及关于此种数据自由流动的规章》。该规章认为，欧共体的机构或组织，应当保护自然人的基本权利和自由，尤其是应当保护他们与个人数据处理有关的隐私权。既不应当限制也不应当禁止个人数据在他们之间的自由流动，以及限制或禁止个人数据自由流动至受实施95/46/EC 的成员国的国内法管辖的数据接收者。它为欧共体内电信网络环境下的个人数据的隐私保护提供了法律依据。

2002 年，欧洲议会和理事会又通过《关于电子通信领域个人数据处理和隐私保护的指令》用以取代 1997 年的《电信部门个人数据处理和隐私保护指令》。

2009 年，欧盟委员会宣布了《欧盟物联网行动计划》，以确保欧洲在构建物联网的过程中起主导作用。此项行动计划有 14 项，首次提出了物联网将会威胁个人隐私问题。在保护个人隐私方面值得我们借鉴的内容有：第一，隐私及数据保护方面，严格执行对"物联网"的数据保护立法；第二，开展是否允许个人在任何时候从网络分离的辩论，公民应该能够读取基本的RFID（射频识别设备）标签并且可以销毁它们以保护他们的隐私；第三，采取有效措施使"物联网"能够应对信用、承诺及安全方面的问题等。启动试点项目可以有效地促进物联网应用的市场化、互操作性和安全性。

欧盟通过上述一系列法规和指令，建构起了一套完备的网络隐私权保护的法律框架，为用户、网络服务商、政府等方方面面提供了清晰可循的原则。

跟随着欧盟对于网络隐私安全保护的脚步，欧洲各国也在上述指令规章的基础上，制定了满足本国发展的隐私保护政策。这里我们以英国和德国为例。

9.1.2　英国对于网络隐私保护的法律法规

英国在网络隐私保护实践中取得了不错的成绩，1984 年，英国承袭了《欧洲数据保护公约》的内容并制定了《数据保护法》并一直沿用至今。英国《数据保护法》规定："不允许以欺骗手段从数据主体那里取得信息，搜集取得个人信息必须征得有关个人的同意；只有为了特定和合法的目的才能持有个人数据；必须采取安全措施，以防止个人数据未经许可而被扩散、更改、透露或销毁；对于用户遗失、毁坏有关数据或者未经许可而透露有关数据的，数据主体有权请求赔偿。"《数据保护法》对网络个体隐私的侵权行为作出了明确规定，为网络使用者的隐私保护提供了有利的法律保障。

1998 年，英国政府颁布了新的《数据保护法》，它以原有的《数据保护法》为基础，增加了对手动和电子数据记录的保护。新的《数据保护法》赋予数据保护委员会以强大的权利监督法律的实施，并且对个人权利进行了加强。[54]

英国非常重视利用信息技术提升其国际竞争力，采取了一系列法律措施促进互联网的安全发展。最近几年，英国在电子商务的应用范围和规模方面都有了较大发展，在欧盟国家中位居于前列，它更是推动了英国在互联网隐私保护方面的发展。

9.1.3　德国对于网络隐私保护的法律法规

德国是互联网发展较快的国家之一。在 1996 年，在线连接的个人用户数量估计已经达到190 万，随着网络用户数量的剧增，德国开始意识到高速发展的互联网必然需要国家制定一系列的法律法规进行适度监管。同时,鉴于互联网的全球性特性,为了保证网络交易环境的安全有效,这些法律法规还需要具有国际基础标准作为有力支撑。

1997年,德国下议院通过了《联邦信息与电信服务架构性条件建构规制法》(Gesetz des Bundes zur Regelung der Rahmenbedingungen fuer In for ma tions-und Kommunikationsidienste,IuKDG),简称《多元媒体法》(das Multimedia-Gesetz),同年上议院正式批准该法并生效。至此,德国成为世界上第一个对网络的应用与行为规范提出单一法律架构的国家。

在《多元媒体法》第二部分《电信服务数据保护法》(Gesetz ueber den Datenschutz bei Telediensten,为一独立法案)中,除特别强调个人信息保护在信息时代的重要性外,还对网络应用过程中可能产生的个人及隐私信息的侵害状况明文加以规定[174]。《电信服务数据保护法》对个体资料的保护达到了空前的严格的程度,该法规定任何人、任何企业都无法对网络上个人信息进行搜集和整理。彻底消除了人们对个人隐私被侵犯的担忧。《电信服务数据保护法》不仅满足个体资料的保护,还起到了消除民众对网络泄露恐慌的心理,从而达到促进互联网发展的目的。

2012年8月,德国数据保护委员会要求社交网站 Facebook 停止其在德国用户中的脸部识别数据采集,认为 Facebook 内置的"好友推荐程序"严重违反了德国及欧盟的隐私保护法律。德国方面要求:"Facebook 至少要销毁其在德国采集的脸部数据,并且要修改其程序设计,使得在采集脸部特征之前能够明确提醒用户、明确征得用户同意。"[175]由此可见,德国对于民众的个体隐私达到了非常重视的程度,即使全球通用的用户隐私保护良好的社交工具,德国也需要通过严格审查,撤销可能危及德国用户个体隐私的模块。

9.1.4 法律层面的网络隐私保护策略分析

在欧盟的主导下,欧洲大部分国家在保护个人隐私中起主导作用,使用全面的法律规范保护个人隐私。欧盟承担着整合成员国经济利益和综合实力的任务,期望在其范围内尽量保证每个成员国的政策和法律在各个方面与欧盟的政策和法律保持一致,并努力将其制定的法律提升为国际标准。因此,欧盟对于网络环境下隐私权的保护主张订立严格的保护标准,并通过特别委员会的设立,敦促各成员国以立法的形式来保护网络环境下的隐私权。欧盟的综合立法保护模式对网络个体隐私的保护提供了国家法律上的支撑,减少了互联网侵权行为的数量,有法可依也减少不必要的纠纷且严格依靠法律裁定突出了公平公正性。欧盟的法律保护策略弥补了美国行业自律模式缺乏强制力保障的缺陷。

关于保护个人隐私的法律法规也有两面性。由于欧盟制定的法律法规比较精细,自然就加重了互联网经营商的压力,提高了网络运营难度和成本,由于互联网经营商背负过多的法定义务和责任,使得不少互联网经营商对于互联网发展产生了负面影响。由于法律对于网络隐私保护过于严格,削弱了互联网运营商对于网络新思想的创新能力,削弱了配合官方组织为保护好网络隐私出谋献策的主动性,最终有可能损害信息产业的利益并阻碍互联网的发展。欧盟将保护公民隐私的重要性放在信息自由流通的前面,导致许多国家都需要从欧盟输出资料信息,不得不遵守欧盟立法,这对欧盟在国际竞争中显然非常有利,却使其他国家处于被动地位。

9.2 管理层面的网络隐私保护

近期大量身份信息泄露事件,源于管理漏洞。例如,2015 年 7 月 14 日,北京三里屯优衣库试衣间不雅视频大量流出事件,为什么不雅视频中的当事人很快就确定了身份?确实,随着信息化程度的不断升高,网友"人肉搜索"的能力变得越来越强。但这次"人肉搜索"中确定了部分当事人关键信息后,有人把当事人身份证号、出生日期、户籍所在地都"扒"了出来。方式就是查询并截屏了当事人的"常住人口基本信息"并公布到网上。这说明了管理上的漏洞是普遍存在的。

管理层面的隐私保护有别于欧盟法律层面的保护。"管理与技术同步",可以借鉴相关国家的政策、法律手段,以确保个人信息使用的安全、有效和可靠。以美国为例,美国是当今世界上最早承认隐私权的国家,1974 年,美国就制定了隐私权法,网络隐私在美国法律中的地位非常特别。美国公民和政府虽然非常重视个体隐私保护,但美国宪法却没有清楚地将网络隐私视为一种需要保护的权利,网络隐私保护的内容只能从各州的宪法、联邦和州的法规、美国宪法的各项有关条文及各种司法解释中找到根据。因此,不同于欧盟的法律保护策略,美国对网络个人隐私的保护更偏重行业自律:①建议性的行业指引;②网络隐私认证计划;③技术保护模式。

9.2.1 行业自律模式

(1) 建议性的行业指引

建议性的行业指引是由网络环境保护中隐私权的自律组织参与制定的,组织成员都必须遵守保护隐私权的行为指导原则,从而为互联网环境下的隐私安全提供一个规范的范本指导。

建议性的行业指引的做法是相关行业的领袖企业建立本行业内的企业联盟,制定一些隐私保护的政策性指引和标准。这种指导性质的隐私保护政策不具有强制性服从遵守的性质,它只是依靠来自团体内部和社会公众的压力,使从业者根据隐私保护的行业指南,自行制定具体的个人隐私保护政策或办法。

美国是对隐私信息保护最为严苛的国家,对个人信息的保护起步比较早,且多采用行业自律模式。建设性的行业指引以"在线隐私联盟"最具代表性,1998 年 6 月,美国在线隐私联盟发布了一份指导网络和其他电子行业隐私保护的指南。要求其成员必须采纳和执行,要求那些被许可在网站上张贴其隐私认证标志的网站必须遵守在线资料收集的行为规则,并且服从多种形式的监督管理。包括所收集信息的种类及其用途,是否向第三方披露该信息等。该指引不具有强制执行的效力,本身不监督其成员对隐私保护政策的遵守情况,其作用仅在于为网络隐私的保护提供一个广为接受的范本。[176]

在个人信息保护方面,日本是一个法律和民众意识都比较健全的国家,日本制定了一系列保护个人信息安全的法律,将民间企业也纳入个人信息保护的调整范围内。这也是经过很长时间才得以完善的。2005 年 4 月,《个人信息保护法》开始生效,基本原则是"个人信息应在尊重个人人格的理念下慎重处理,正确对待",这是日本保护个人信息安全的根本法律。

(2) 网络隐私认证计划

网络隐私认证计划是一种私人行业实体致力实现网络隐私保护的自律形式,该计划要求那些被许可在其网站上张贴其隐私认证标志的网站必须遵守在线资料收集的行为规则,并且服从多种形式的监督管理。[177]

目前,美国国内存在着多种形式的网络隐私认证组织,较有名的为 TRUSTe、BBBOnline 和 WebTrust 等。

TRUSTe 运动是由美国电子前沿基金会(Electronic Frontier Foundatinn,EFF)特别发起 以行业者自律的方式对个人隐私加以保护。

BBBOnLine 的隐私保护计划包括授予一个容易被识别与接受的"图章"标志,明确注明该 网站的隐私权政策符合该组织的隐私保护要求。对于不遵守图章内容的网站经营者处以收回 图章、公布公司名称直至提交该网站经营者的名单给政府部门等制裁措施。

WebTrust 是由全球两大著名注册会计师协会 AICPA(美国注册会计师协会)和 CICA (加拿大注册会计师协会)共同制定的安全审计标准,主要对互联网服务商的系统及业务运作 逻辑安全性、保密性等共计 7 项内容进行近乎严苛的审查和鉴证。

(3) 技术保护模式

技术保护的模式是通过技术支持,将网络隐私安全的主导权放在用户自己手中。在消费 者进入某个第三方收集个人信息的网站时,该软件会提醒用户其某些个人信息正在被收集,用 户是否愿意被收集,自己做出决定,用户可以选择离开该网站,或用户设定可允许收集某些信 息。例如,用户在 P3P 提供的个人隐私权保护策略下,能够清晰地明白网站对自己隐私资讯 做何种处理,并且 P3P 向用户提供了个人隐私资讯在保护性上的可操作性。

9.2.2　管理层面的网络隐私保护策略分析

美国是目前全球信息技术发展最先进的国家之一,美国在信息化的过程中始终强调完全 的自由化,鼓励竞争,反对垄断,充分发挥市场规制的作用。因此,美国政府将网络隐私保护的 大权交由其行业自行管理,优势和不足也是显而易见的。

管理层面的行业自律策略,可以给予互联网运营商比较宽松的空间,互联网运营商根据自 身企业的需求发展自身业务,互联网发展的新思想也不会由于法律的约束而被阻挠搁浅,因 此,对于互联网的发展起到了促进作用。

管理层面的网络隐私保护更注重个人隐私在市场机制中的应用,使得网络用户的隐私权 往往得不到切实有效的保护[178]。

9.3　个人层面的网络隐私保护

Check Point 英国董事总经理 Terry Greer-King 指出:"尽管人们强烈关注个人资料面临 的风险,令人担忧的是,相当数量的员工,经常进行不安全的计算操作,有意无意地违反公司的 安全策略,增加了数据泄露的风险。"因此,这些风险和威胁需要通过宣传教育和技术相结合 才能应对,从而机构数据得以保护、业务和员工免受泄露风险以及带来的损失。同时,经过有 关舆论的宣传和指导,消费者该当时刻防范网购等网络使用过程中潜藏的侵害。不给网站揭 露本身的确切信息,不把关键的数据置于计算机内,不要把私人数据信息放在云服务中,不任 意安装程序,及时删减上网痕迹,查询信息后清理 Cookies,从各方面提高个人防范意识,才能 根本地避免信息泄露事件的出现。隐私泄露的危害如图 9-2 所示。

9.3.1　提高个人防范意识

"道高一尺,魔高一丈",除非远离网络,否则没有百分之百安全的方法可以保护用户的私 隐不被泄露。只有提高个人的防范意识,才是保护网络隐私权的关键;只有树立起"防人之心

图 9-2　隐私泄露的危害

不可无"的意识,个人的网络隐私权才有较好的保障,如图 9-3 所示。但是,良好的习惯则可以一定程度上保护自己的隐私不泄露,因此,如果用户关心个人信息隐私保护,要尽量做到如下几点：

① 尽可能使用现金;

② 不要轻易暴露电话号码、社会安全号和住址等信息,除非必要;

③ 不要轻易填写调查表和市场反馈表;

④ 经常检查自己的医疗记录;

⑤ 要求信贷和数据营销企业将用户的信息从市场营销列出清除;

⑥ 阻止来电显示在您的手机,并保持您的电话号码不公开;

⑦ 不要让你手机的定位等功能处于常开状态,否则你的行为可能被跟踪;

⑧ 不要使用存储用户的信用卡或优惠卡;

⑨ 不要把私人数据信息放在云服务中;

⑩ 使用 VPN(虚拟专用网络),VPN 作为一条加密的信道,可以预防入侵者从互联网上窃取用户的登录信息或其他敏感信息。

更妙的方法是使用别人的计算机。

图 9-3　隐私的价值与安全

如果您必须使用互联网,加密电子邮件,拒绝所有的"Cookies",在网站注册时从不注册自己的真实姓名,这也是保护个人隐私的一点建议。

另外,消费者在电子商务买卖时暴露出对维权认知的浅显,即便伴随如今网络购物欺诈事件、侵权活动的发生取得了一定的改善,也还存在大批网购用户没有意识到用户数据披露的危害性。在互联网环境里,用户数据的保障需要用户持续不断地注意,由于不少用户私人数据的披露是因为用户的粗心大意,例如,用户随便进入一些网站不假思索地填写自己的数据,结果致使用户数据泄露,给自己带来烦恼乃至利益受损。因而可知,用户的隐私权遭到网络经营者损害此种事件,最初应从网购用户这一根本上施以阻碍,增强用户的维权意识,提高用户对自己数据保障的能力。网购用户自己必须规范操作行为,可疑的网站不访问、不可信的地址不进入,随时测试计算机的健康状态,保证计算机的健康问题及时得以解决,避免带来更大的损失。

9.3.2　保护个人在线隐私技巧

网络无处不在,一切能上网的设备都有"泄密"的可能,用户的工作资料、银行卡账号、支付宝密码,甚至是一些私密照片等,随时有可能落入他人手里。更不幸的是,只要保持在线,用户的一举一动都会被搜索引擎或广告商监控。因此,普通网络用户应了解最新的私隐危机和保护个人在线隐私技巧。

（1）规范地使用与设置 Cookie

Cookie 意为"甜饼",在计算机领域,Cookie 的目的为使 Web 可以提供给用户私人专属的信息,因此,使用户得到私人专属的服务,而且还解决了 HTTP 协议在浏览者识别时遇到的困难。Cookie 指当浏览某网站时,网站存储在计算机上的一个小文本文件（例如,IE 的 Cookie 文件实际上就是一个 txt 文本文件,只不过换行符标记为 Unix 换行标记(0x0A)）,伴随着用户请求和页面在 Web 服务器和浏览器之间传递。它记录了用户的 ID、密码、浏览过的网页、停留的时间等信息,用于用户身份的辨别。Cookie 通常是以 user@domain 格式命名的,user 是本地用户名,domain 是所访问网站的域名。

因此,规范地使用与设置 Cookie,令其既能够为用户创造利益,又能够预防因其造成的私人数据披露。措施如下。①使用较新版本的浏览器。因为较新版本的浏览器能够提供各样数据保障效力以及保证消费者的敏感数据不被泄露。②在 IE 里设置"选择如何在 Internet 中处理 Cookie",如替代自动 Cookie 处理。设置方法:设定 Internet 选项,保护浏览器隐私数据安全,如图 9-4 所示。通过"高级"功能来对其进行详细编辑设定,如图 9-5 所示,并通过站点管理对其进行分类操作,如图 9-6 所示。添加相应站点实现对不同站点的 Cookie 信息进行处理,这样通过对浏览器属性进行调整,我们就可以在一定程度上对浏览器 Cookie 信息进行编辑和设定。③安装和设置 Cookie 控制工具。如 Cookie Crusher 和特警软件。Cookie Crusher 不仅能够控制（如新增、修正以及删除）计算机里过去新增的 Cookie,而且可以选择是否接纳出自站点的 Cookie。特警软件:诺顿信息安全特警为一种信息安全保证工具,其能够保证计算机抵御黑客或病毒的侵犯,从而很好地预防信息披露。

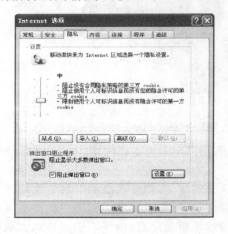

图 9-4　Internet 选项　　　　　　　　图 9-5　高级隐私策略的设置

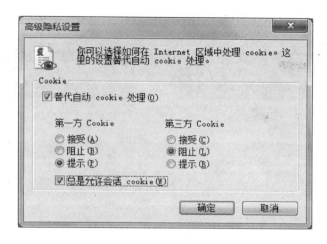

图 9-6　IE 中 Cookie 隐私操作的设置

（2）清除计算机遗留痕迹

因为在用户进入网页的时候，浏览器实时将用户搜索了的数据存储进它的有关设置内，当用户再搜索时能够用较短的时间搜索到，从而增大搜索的速度。所以，使用完计算机以后，应当立刻清理记录方能防止用户数据披露；对于一些牵涉到隐私的文件，不能简单地放到回收站，必须使用"文件粉碎器"彻底删除。详细操作：①用户要经常删掉近来浏览网页或查阅资料历史的浏览痕迹；②实时删除垃圾站内容，从而预防采取数据恢复的手段得到本已经清理的资料；③用户要经常删掉应用程序产生的记录，如 Word、Excel、Media Player 等，能够从文件菜单里寻找到近期打开的资料，从而导致消费者敏感信息披露；④用户要经常删掉路径 C:\windows\temp 下的少许临时资料，这些临时资料能够协助攻击者推断到使用者的某些偏好，导致攻击者能够推理出使用者的行为；⑤登录上网工具时，勿选取记住密码，不然将轻易被披露；⑥实时刷新病毒库，下载木马查杀软件，查处木马程序。

（3）阻止浏览器对隐私信息的收集

上网时，如果需要浏览一些如邮箱、通讯录等涉及隐私的网页时，可以使用火狐、谷歌浏览器中的浏览器"隐私模式"来限制网站追踪用户的数据。进入该模式后，浏览器不会记录任何的数据，或者留下访问记录[72]。隐私模式确保用户的计算机"干净"，可保证网站不能连续、长时间地追踪用户的信息。另外，考虑大家的隐私安全，360 卫士等工具对相应隐私内容进行快速整理，如图 9-7 所示。

（4）定期更换 IP 地址

搜索服务商还会根据用户搜索时的链接 IP，结合用户的搜索内容来组织收集到的用户信息，通过定期更换 IP 地址的方法即可解决这个问题。对于使用静态 IP 的个人或组织用户，可以考虑使用 VPN 等加密链接工具，或者选择互联网上的公开代理服务器。

（5）切勿将全部的生日数据加载在社交网络数据中[79]

身份窃取者一般都是将生日数据作为破解技术的基础，如果用户想他的朋友知道他的生日，就仅仅告诉他们月份和日期，最好漏掉年份。

（6）不要在美国之外下载 Facebook 上的应用程序

社交网络上的应用程序能够触及大量的个人信息。一些不负责任的实体收集了大量的数据，再释放、滥用或出售。如果这些应用程序的建立者是在美国，它就可能相对比较安全，至少

137

如果有人做了错事用户可以索求赔偿。

图 9-7　360 卫士隐私清理操作的设置

（7）使用多样的用户名和密码

尽可能使社交网络、网上银行、电子邮件和网上购物的用户名分开来。如今有独特的密码已经不够了：如果用户在不同的网站站点上使用相同的用户名，用户整个的浪漫虚构的、个人的、专业的、电子商务的生活就会被一些简单的算法映射和重新制造出来。这是有前车之鉴的。

（8）对那些定位的服务要谨慎使用

在生活中，智能电话、应用程序和网络服务等就会频繁地标记位置。然而，这些服务全部的隐私牵连用户可能有时候都不知道。现在，应当会对"我刚在 XYS 饭店入住登记了"的使用特点深思熟虑。如果你不知道定位服务是什么，现在就把你手机上的定位服务给关掉。作为第一准则，在不知道我们的哪种信息被收集了和怎样被收集了的情况下，绝对不能让第三方收集我们的信息。

（9）粉碎含有隐私的信息

如果你想扔掉信用卡、银行对账单、快递包裹单，或者是其他关于房子的复印件，首先就要把它们撕成很小的碎片。删除文件时使用文件粉碎机，如图 9-8 所示。

（10）在社交网上强化隐私设定和关闭旧账户

隐私设定很难去进行不停地强化，保持在它们的顶端。例如，Facebook 有一个免费的服务，只要双击就能对隐私设定进行强化。

关闭旧账户，如果用户不再使用 Facebook 或人人网，关闭旧账户。不时地进行数字化数据的清理是一种有效减少大量旧数据在外漂流的方法。消除数字印记可以消除用户数字资料被建立、编类和开发的风险。

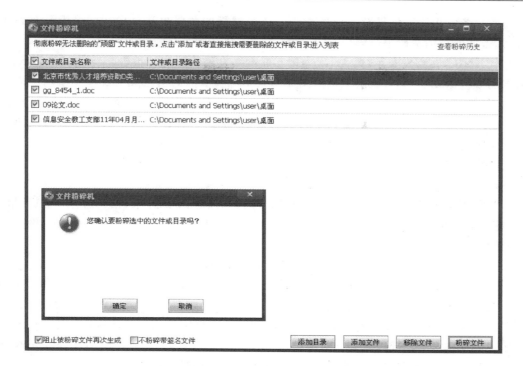

图 9-8　使用文件粉碎机删除文件

9.4　我国网络隐私保护策略及存在的问题

9.4.1　我国网络隐私保护策略

　　跟随着改革开放的步伐,1987 年 9 月,钱天白教授(中国 Internet 之父)发出中国第一封"跨越长城,走向世界"的电子邮件,揭开了中国人使用互联网的序幕。在互联网时代,中国相比于欧美国家起步较晚。但是随着信息化在中国的迅猛发展且国际隐私泄露的警示,网络隐私安全逐渐突显在国人的面前,并受到了学者的重视和立法界的肯定。

　　从 20 世纪 90 年代开始,在国家的大力倡导和积极推动下,互联网在经济建设和各项事业中得到日益广泛的应用,使人们的生产、工作、学习和生活方式已经开始并将继续发生深刻的变化,对于加快我国国民经济、科学技术的发展和社会服务信息化进程具有重要作用。同时,如何保障互联网的运行安全和信息安全问题已经引起全社会的普遍关注。为了维护国家安全和社会公共利益,保护个人、法人和其他组织的合法权益,我国颁布并通过了一系列的法律法规。详见"2.2.2 国内数据隐私保护的发展史和标准(法律)"。

9.4.2　我国网络隐私存在的问题

　　(1) 个人自我保护意识薄弱

　　我国公民对于法律法规的意识薄弱,尤其是对于迅猛发展的互联网,对于其法律法规更是如此。改革开放以来,中国的经济发展让世界刮目相看,伴随着物质文明的发展,精神文明的发展与欧美各国相比还是具有一定的差距。法律意识的薄弱也让公民在网络隐私遭到泄露时,不知道如何利用法律手段解决,甚至无法注意到自身隐私被泄露的问题。中国互联网络信息中心(CNNIC)在京发布了《第 36 次中国互联网络发展状况统计报告》,截至 2015 年 6 月,我国网民规模达 6.68 亿。我国手机网民规模 5.94 亿,手机上网已成为我国互联网用户的新增长点[179]。网民的权利有时受到了侵害,恰恰正是来自于网民自身的原因,例如,随意在网站上注册个人信息;随意提供给他人个人资料;轻易地提供自己的 IP 地址;在申请微博、QQ号等社交工具时,直接使用真实的姓名,这些行为都容易使得自身的隐私在无意识下遭到泄露。当网络侵权行为发生时,用户也不知道该采取什么手段去维护自身的权利。

(2)法律法规层面上,隐私立法不完善

与欧洲的网络隐私权相比,我国网络隐私权尚未形成完整的体系,相关内容分散、零散,缺乏衔接性、统一性,不利于法律实务中的界定和执行,缺乏从技术、行政法律等多层次做出明确和系统周详的规定。

(3)管理层面上,政府监管力度不够,行业自律意识不强

在网络环境里,政府为了为国民提供最好的服务,管理国家的事务,谋求国家更大的发展,需要收集大量的资料,涉及金融、医疗、保险、财产、家庭等方面的个人信息隐私资料。然而,搜集材料之后,对公民的隐私信息疏于管理,或者将这些数据用于职责以外的其他目的。

随着信息技术的发展以及人们对网络隐私权保护意识的觉醒,各个网站作为互联网行业的重要群体,也开始注意自己行业的自律,公布张贴了自己的隐私保护声明。新浪网、腾讯网站等都公布了自身的隐私权声明,但是还是有许多网站根本没有这方面的声明,与美国的行业自律相对成熟的观念相比,我国还是存在着许多问题。

9.5 我国移动电商的展望

我国移动电子商务目前具有 6 亿以上手机用户的潜力巨大的购买力,移动电子商务会超越计算机终端电子商务,变为新生力量,推动社会发展。最近的计算机技术依旧有些不足,手机终端电子商务下的信息保护依旧有很长的路要走。将来中国手机终端电子商务若想稳健地成长壮大,相关部门应该遵循福利均衡原则,指引行业自律。在国家、运营商和消费者的一起行动下,联合计算机技术、法律、行业自律等电子商务体制的逐渐完善,会明显改进手机终端电子商务的信息安全问题。

目前,我国在移动电商隐私保护方面还缺乏相关的法律、法规。因此,对移动电商的应用可能引发的个人隐私问题进行深入研究的前提下制定相应的法律、法规,从而保护个人的隐私权。制定的法律至少要确保以下几个方面:第一,消费者应能够知晓哪些信息正在被收集、谁在收集这些信息以及是什么时候被收集的;第二,被收集的个人信息仅能由经授权的服务提供商用作提供相关服务;第三,是否要限制电子商务网站保留其客户交易信息的最长时限,也就是对客户的信息安排一些遗忘性制度,到一定的时限就要删除;第四,只有在十分必要的情况下,这些被收集的信息才能被存储起来。除了通过立法来保护人们的隐私权之外,还要提高电商用户在使用物联网产品时对自身隐私的保护意识。

在不同的情景里,电子商务给用户隐私的界定有差异,并且交易的信息项彼此的关系也有些异同,但是在网络购物买卖时,信息项彼此的联系是保障消费者数据安全的重点。怎样周详

且无误地确立信息项彼此的联系，寻找到通用的信息项联系的表示要领，可以表示一般的电子商务信息项联系，是我们接下来将进行探索的问题。

目前的电子商务隐私保护数据发布处理的对象为静态数据，尚未探索动态数据的处理问题。然而，实际上电子商务网站产生的数据为动态变化的，探索基于差分隐私的电子商务动态隐私保护数据发布方法将成为下一步的工作。

信息安全的问题使用户对电子商务失去足够的信心，电子商务数据保护问题已经是阻止其进一步前进的绊脚石。倘若网上用户信息可以获得可靠的保障，那么将会令用户对电子商务重拾信心，因此有利于电子商务的进一步成长壮大。可以给用户送去十足信心的最佳的信息安全实施措施为把所有措施联合成一套完善的方案，涵盖法律、行业自律、监管策略和所有技术方法。把这些措施组合起来就能给用户带来更大程度的数据保护。

9.6　大数据与用户信息安全

目前，大数据的发展仍然面临着许多问题，安全与隐私问题是人们公认的关键问题之一。在大数据建设时代，很多组织都认识到大数据的安全问题，积极行动起来，重视个人信息安全，保护个人隐私的措施如下所示。

① 总体规划——重视大数据及其信息安全体系建设，信息安全已经上升到国家规划层面。

2014 年 2 月 27 日，习近平在中央网络安全和信息化领导小组第一次会议上强调"没有网络安全就没有国家安全，没有信息化就没有现代化"。习主席将之形象地比喻为，"网络安全和信息化是一体之两翼、驱动之双轮"。

2014 年 4 月 15 日，在国安委第一次会议上，习近平同志首次提出"总体国家安全观"，谈到既重视传统安全，又重视非传统安全，将信息安全等 11 种安全纳入国家安全体系。

② 技术保障——加快大数据安全自主技术的研发。

2014 年 2 月 27 日，习近平在中央网络安全和信息化领导小组第一次会议上强调，"网络信息是跨国界流动的，信息流引领技术流、资金流、人才流，信息资源日益成为重要生产要素和社会财富，信息掌握的多寡成为国家软实力和竞争力的重要标志。"

③ 法规建设——完善网络安全法律法规。

法律法规为建设网络强国提供制度保障，促进形成治理国家网络空间的长效机制。

④ 管理规范——加强行业监管，做到"管理与技术同步"，加强对重点领域敏感数据的监管，提高监管水平。

⑤ 个人防范——加强个人信息安全知识的培训和教育，提高个人防范意识。

第 10 章　总结与展望

在信息社会中,信息共享与隐私保护的研究是一个充满机遇和挑战的领域,在数据高度共享的同时,隐私泄露风险也随之而来。有许多问题还需要进一步的探索与研究,数据发布中的隐私泄露问题,将使数据所有者的利益受到严重的影响。本章重点对本书的研究工作进行总结,并讨论了隐私保护面临的挑战。

10.1　总　　结

本著作主要工作总结如下:

① 介绍数据发布中隐私保护(PPDP)的研究背景、研究意义和相关概念;

② 介绍并总结攻击的类型(记录链接攻击、属性链接攻击、表链接攻击和概率攻击)以及针对攻击类型的相应隐私保护模型,并分析各模型的优点和缺点,提出并实现基于 k-匿名的个性化隐私保护方法研究;

③ 介绍了隐私保护的常用技术(泛化、抑制、置换、扰动等)以及隐私保护原则、体系结构、隐私保护模型和算法;

④ 信息度量/评估标准和常用算法;

⑤ 介绍了基于隐私保护技术的应用,提出面向大数据中个性化检索的隐私保护研究,基于 k-匿名的个性化隐私保护方法的研究;

⑥ 隐私保护机制的模式(交互和非交互式);

⑦ 介绍了网络隐私保护的策略方法。

10.2　隐私保护面临的挑战

信息技术的飞速发展使得各类数据的收集、存储、发布和分析更加方便快捷。全球每时每刻都在产生大量的新数据,网络化和“互联网＋”技术使得全球的数据能够自由共享。但是随之而来的隐私泄露问题也相当严峻。多项实际案例说明,即使无害的数据被大量收集后,也会暴露个人隐私。因此,关于隐私保护研究成为当下热点问题,据统计,在最近的数据挖掘和数据库顶级期刊和会议中,隐私保护方面的文章比例在逐年上升(在数据挖掘中,大约有 25 个不同的研究领域)。美国、欧盟、日本和中国香港都已经纷纷开始进行由政府资助的系统的、大型的、广泛的信息化隐私保护研究。Google、Yahoo、Microsoft 和 IBM 等都已经开始尝试将隐私保护研究领域的阶段性成果商业化,如 Google Health、Connect with Facebook 等。尽管研究者推出一些隐私保护方法,但在理论和应用上依然存在一些难点和挑战性的问题,有待解决。

10.2.1　非技术因素

比起技术因素,非技术因素对隐私保护的挑战更加严峻。不是所有问题都可以靠技术来解决的,解铃还需系铃人,想要解决隐私泄露问题,最终还是需要从泄露的根源上探索解决方案。

（1）人的因素

第一,人的保护意识淡薄,文献[182]中的调查报告显示,54.1%的调查对象有隐私防范意识,但是并未采取任何特别的保护措施。第二,即使知道但不知道如何保护,在上面的报告中有防范意识但不知如何保护占到27.2%。第三,采取的措施是否有效,调查中显示,注重采取保护措施占16.5%,但是在一般用户的角度采取的保护措施又有多少是可行的、有效的呢?

（2）制度因素

网络实名制为隐私保护增加了难度,在实名制认证的过程中使得个人信息不可避免地出现在互联网环境中,在网络中出现过的数据就有可能被泄露,实名制是一把双刃剑,在提高了网络安全的同时却增加了用户的安全隐患问题,网络的普及使得隐私保护难上加难。

（3）法律因素

我国的法律体制尚未建设完善,存在很多"灰色地带",利欲熏心的人或是监守自盗或是用其他手段窃取信息然后靠出卖隐私信息牟利,虽然媒体曾不止一次地报道过一些正规机构有出售用户信息的行为,但这还只是出卖信息行业的冰山一角,出台相关的法律整治非法买卖信息的行为已经到了刻不容缓的地步。

10.2.2　技术因素

（1）隐私的范围在技术上难以划分

隐私是一种与公共利益、群体利益无关,当事人不愿他人知道或他人不便知道的个人信息,当事人不愿他人干涉或他人不便干涉的个人私事,以及当事人不愿他人侵入或他人不便侵入的个人领域。但是在技术层面,到底用什么模型来描述隐私是很难确定的事情,如何设计模型来准确地描述隐私是隐私保护技术中的难点之一。

（2）保护程度难以确定

保护强度越高,就意味着数据的可用性会受到一定程度的影响,为了维持数据可用性和隐私保护的平衡,寻找矛盾中的平衡点也是隐私保护技术中的难点,到底要保护到什么程度? 将那些信息作为隐私保护起来也是件十分棘手的事情,毫无疑问,一个人的病史是公认的个人隐私信息,但是相对的,一个人的身高、体重等信息算不算是隐私? 没有准确的标准来衡量一个属性到底算不算是隐私,以及如何高效实现个性化匿名问题也是面临的挑战之一。

（3）保护的滞后性和局限性

所有的保护性技术都存在滞后性,大部分技术都是针对已经出现的攻击方式采取的亡羊补牢式的补救,五花八门的攻击方式使得预测将来要面对的攻击方式基本是难以实现的。保护技术同样存在局限性,要中规中矩,不仅要保证数据的可用性,还要提高隐私保护的程度,相反,攻击者可以使用任何手段任何方式来进行攻击,哪怕是只有1%的成功率,在大数据的背景下也是很可怕的隐私泄露。

10.2.3 现有技术的挑战

挑战 1：QID 选择的挑战。数据发布者如何将数据属性分为 3 个不相交集的数据表：QID、敏感属性和非敏感属性？如果一个攻击者有可能从其他外部得到 A，原则上 QID 应包含一个属性 A。QID 后确定，其余属性分为基于敏感属性和非敏感属性。在此外，若错误地将敏感属性划分到 QID 中，将造成不必要的信息损失。

如何找到 QID 的最小集合？至今 QID 选择的问题，仍然是一个悬而未决的问题。

挑战 2：信息的隐私性与实用性之间的平衡问题。在 PPDP 中的一个主要的挑战是保证匿名数据个人隐私的同时，保证数据的实用性，平衡点如何合理选择？如何从一堆针中找到一根针（如图 10-1 所示）？

图 10-1　柴堆寻针

挑战 3：如何高效实现个性化匿名问题。信息拥有者可以自己确定隐私项以及该项的隐私保护度，这种高度个性化的隐私保护算法效率问题。

挑战 4：怎样将现存技术适应当前的网络环境？什么样的方法是必需的？如图 10-2 所示。

"Who said you can't teach an old dog new tricks?"

图 10-2　谁说不能教老狗新把戏

挑战 5：动态数据的发布和匿名化问题也是目前面临的挑战问题。我们将在今后的进一步工作中来解决这个问题。

挑战 6：分布式环境下的数据发布和匿名化问题也是目前面临的挑战问题。

挑战 7：复杂数据的隐私保护问题。目前针对单一敏感属性数据表进行隐私保护处理的研究成果较多，复杂数据的隐私保护研究较少，我们不能通过简简单单的直接移植方式来解决多个敏感属性的数据表的隐私保护问题。因此，这也是目前面临的挑战问题。

挑战 8：实时(连续)数据发布的差分隐私保护问题。目前，静态数据的差分隐私保护发布研究已经趋于完善，但现实中，大多数据集都是动态更新的，如患者医疗数据、网上购物数据等。然而动态数据由于其数据本身的性质和不确定性，使得静态发布技术无法在数据实用性和安全性上达到很好的平衡。

挑战 9：隐私保护的风险分析(计算)及隐私策略问题。

附录 A 学习建议

阅读关于数据发布中隐私保护的相关文献，建议掌握以下知识。

（1）（安全问题和数据安全的定义）熟悉隐私和隐私保护的概念，研究数据发布中隐私保护（PPDP）的意义，熟悉隐私保护的基本原理。

（2）掌握 PPDP 中待发布数据表的记录属性分类和背景知识等常用概念。

（3）常用的隐私保护技术：泛化、抑制、扰动、置换。

（4）攻击的类型，掌握记录链接攻击、属性链接攻击、表链接攻击和概率攻击。

（5）掌握针对攻击类型的相应隐私保护模型（数据隐私保护模型的纵向发展和每种代表性模型的横向演化），具体要求如下所示。

① 实现最优 k-匿名模型

a. 熟悉掌握 k-匿名思想。

b. 设计与实现最优 k-匿名解决方案，说明所采用的算法和信息度量标准。

c. 分析 k-匿名模型的优点和缺点。

② 实现 l-多样性模型

a. 熟悉掌握 l-多样性概念。

b. 设计与实现 l-多样性模型，说明所采用的算法和信息度量标准。

c. 分析 l-多样性模型的优点和缺点。

③ 实现 t-closeness 模型

a. 熟悉掌握 t-closeness 概念。

b. 设计与实现 t-closeness 模型，说明所采用的算法和信息度量标准。

c. 分析 t-closeness 模型的优点和缺点。

④ 实现个性化隐私模型

a. 熟悉掌握个性化隐私概念。

b. 设计与实现个性化隐私模型，说明所采用的算法和信息度量标准。

c. 分析个性化隐私模型的优点和缺点。

注：完成以上内容后，可继续做 (α, k)-匿名模型和 (k, e)-匿名模型。

⑤ 实现 Differential Privacy 模型

a. 熟悉掌握 Differential Privacy 概念。

b. 设计与实现 Differential Privacy 模型，说明所采用的算法和信息度量标准。

c. 分析 Differential Privacy 模型的优点和缺点。

（6）信息度量标准和常用算法。

（7）熟悉安全多方计算技术。

① 基本加密方法

② 分析多方协议

（8）熟悉隐私保护的管理和法律法规，了解我国隐私保护的法律法规。

（9）了解数据加密技术在隐私保护中的应用，数据扰动技术在隐私保护中的应用，基于多域隐私感知的访问控制技术、社交网络数据的隐私保护应用。

附录 B　相关算法

附录 B-1　简单的 *k-*匿名程序实现

时间:2015 年 5 月 10 日 16:03:29

内容描述:

*k-*匿名 算法实现

开发环境:jdk 1.6 + eclipse + mysql

包结构:

dao	(数据表存取操作)
domain	(数据表实体类 读取操作 匿名化处理)
operation	(测试类 程序入口)
util	(数据库连接组件)

类结构:

dao. KDAO	(数据表 K 与数据库之前的存取操作)
dao. OrgDAO	(数据表 Org 与数据库之前的存取操作)
domain. K	(数据表 K 的实体类)
domain. Org	(数据表 Org 的实体类)
operation. Test	(程序的测试类)
util. DBConnector	(数据库连接组件类)使用方法

实验步骤:

① 新建数据库 *k-*anonymity,新建原始数据表 Org 和匿名数据表 K;

② 修改 util. DBConnector 中数据库连接信息;

③ 在 Test 类中,取消生成数据段的注释,并注释掉 *k-*匿名部分的代码生成原始数据;

④ 注释生成数据代码,取消 *k-*匿名部分数据代码的注释,测试 *k-*匿名方法。

原始数据表 Org 表结构:

```
CREATE TABLE ´org´ (
  ´No´ int(11) NOT NULL DEFAULT ´0´,
  ´sex´ tinyint(4) DEFAULT NULL,
  ´age´ tinyint(4) DEFAULT NULL,
  ´height´ int(11) DEFAULT NULL,
```

```
´weight´ int(11) DEFAULT NULL,
´address´ varchar(255) DEFAULT NULL,
´disease´ varchar(255) DEFAULT NULL,
PRIMARY KEY (´No´)
) ENGINE = InnoDB DEFAULT CHARSET = utf8;
```

匿名数据表 K 表结构：
```
CREATE TABLE ´k´ (
´No´ int(11) unsigned zerofill NOT NULL AUTO_INCREMENT,
´sex´ varchar(11) DEFAULT NULL,
´age´ varchar(11) DEFAULT NULL,
´height´ varchar(11) DEFAULT NULL,
´weight´ varchar(11) DEFAULT NULL,
´address´ varchar(255) DEFAULT NULL,
´disease´ varchar(255) DEFAULT NULL,
PRIMARY KEY (´No´)
) ENGINE = InnoDB DEFAULT CHARSET = utf8;
```

```java
/ **
 * 类名 :DBConnector
 * 文件 : DBConnector. java
 * 描述 : 用于连接数据库
 * 方法 : main()方法
 * 时间 : 2015 年 5 月 10 日 14:18:22
 * 备注 : 需要将数据库账号密码信息更改为本地的数据才能连接
 *  */
package util;

import java.sql.Connection;
import java.sql.DriverManager;

public class DBConnector {
  public static Connection getConnection() {
    String user = "test";
    String psw = "123456789";
    String url = "jdbc:mysql://localhost/k-anonymity? user = " + user
        + "&password = " + psw
        + "&useUnicode = true&characterEncoding = GBK";
    Connection conn = null;
    try {
```

```java
            Class.forName("com.mysql.jdbc.Driver").newInstance();
            conn = DriverManager.getConnection(url);
            return conn;
        } catch (Exception e) {
            System.out.println("连接数据库失败");
            e.printStackTrace();
        }
        return null;
    }
}


/**
 * 类名 :OrgDAO
 * 文件：OrgDAO.java
 * 描述：Org 类与数据表之前的存取
 * 方法：read() save()
 * 时间：2015 年 5 月 10 日 14:25:31
 * 备注：
 * */
package dao;

import java.sql.Connection;
import java.sql.PreparedStatement;
import java.sql.ResultSet;
import java.sql.SQLException;
import java.util.ArrayList;
import java.util.List;

import domain.Org;
import util.DBConnector;

public class OrgDAO {

    private Connection c;
    public OrgDAO() {
        c = DBConnector.getConnection();
    }
    public List<Org> read() throws Exception
    {
        List<Org> list_org = new ArrayList<Org>();
```

```java
        String findAllSql = "select * from org ";
        PreparedStatement ps = c.prepareStatement(findAllSql);
        ResultSet rs = ps.executeQuery();
        while (rs.next()) {
            Org org = new Org();
            org.setNo(rs.getInt(1));
            org.setSex(rs.getInt(2));
            org.setAge(rs.getInt(3));
            org.setHeight(rs.getInt(4));
            org.setWeight(rs.getInt(5));
            org.setAddress(rs.getString(6));
            org.setDisease(rs.getString(7));
            list_org.add(org);
        }
        return list_org;
    }


    public boolean save(Org o) throws Exception {

        String saveSql = " insert into org(sex, age, height, weight, disease) values(?,?,?,?,?)";
        PreparedStatement ps;
        try {
            ps = c.prepareStatement(saveSql);
            ps.setInt(1, o.getSex());
            ps.setInt(2, o.getAge());
            ps.setInt(3, o.getHeight());
            ps.setInt(4, o.getWeight());
            ps.setString(5, o.getDisease());
            ps.executeUpdate();
        } catch (SQLException e) {
            System.out.println("SQL 异常");
            e.printStackTrace();
            return false;
        }
        return true;
    }
    protected void finalize()
    {
        try {
```

```
                    c.close();
                } catch (SQLException e) {
                    e.printStackTrace();
                }
            }
        }
/**
 * 类名 :KDAO
 * 文件: KDAO.java
 * 描述: k 类与数据表之前的存取
 * 方法: read() save()
 * 时间:2015 年 5 月 10 日 14:26:31
 * 备注:
 * */
package dao;

import java.sql.Connection;
import java.sql.PreparedStatement;

import java.sql.SQLException;

import domain.K;
import util.DBConnector;

public class KDAO {
        private Connection c;
        public KDAO() {
            c = DBConnector.getConnection();
        }
        public boolean save(K k) throws Exception {

            String saveSql = "insert into k(sex,age,height,weight,address,dis-
ease) values(?,?,?,?,?,?)";
            PreparedStatement ps;
            try {
                ps = c.prepareStatement(saveSql);
                ps.setString(1, k.getSex());
                ps.setString(2, k.getAge());
                ps.setString(3, k.getHeight());
                ps.setString(4, k.getWeight());
```

```
                ps.setString(5, k.getAddress());
                ps.setString(6, k.getDisease());
                ps.executeUpdate();
            } catch (SQLException e) {
                System.out.println("SQL 异常");
                e.printStackTrace();
                return false;
            }
            return true;
        }
        protected void finalize()
        {
            try {
                c.close();
            } catch (SQLException e) {
                e.printStackTrace();
            }
        }
    }
}


/**
 * 类名 :Org
 * 文件: Org.java
 * 描述:用于随机生成实验数据和存取实验实例
 * 方法:包含数据表的 get()set()方法和随机生成方法 generate()
 * 时间:2015 年 5 月 10 日 15:58:51
 * 备注:由自动生成的 get()set()方法已省略
 **/
package domain;

import java.lang.Math;

public class Org {
    private int No;
    private int sex;
    private int age;
    private int height;
    private int weight;
    private String address;
    private String disease;
```

```
//按照一定的概率分布生成实验数据
public static Org generate() {
        Org temp = new Org();
        int sex; //0 for female    1 for male
        int age;
        int height;
        int weight;
        String disease;

        double r = Math.random();
        //sex
        if(r < 0.4)
            sex = 0;
        else
            sex = 1;
        temp.setSex(sex);

        //age
        r = Math.random();
        if(r < 0.3)
            age = rand(20, 20);
        else if (r < 0.6)
            age = rand(40, 20);
        else if (r < 0.9)
            age = rand(60, 20);
        else
            age = rand(80, 20);
        temp.setAge(age);

        //height
        r = Math.random();
        if(r < 0.1)
            height = rand(140, 10);
        else if (r < 0.3)
            height = rand(150, 10);
        else if (r < 0.5)
            height = rand(160, 10);
        else if (r < 0.7)
            height = rand(170, 10);
        else if (r < 0.9)
```

```
        height = rand(180, 10);
    else
        height = rand(190, 10);
    temp.setHeight(height);

    //weight
    r = Math.random();
    if(r < 0.1)
        weight = rand(40, 10);
    else if (r < 0.2)
        weight = rand(50, 10);
    else if (r < 0.4)
        weight = rand(60, 10);
    else if (r < 0.6)
        weight = rand(70, 10);
    else if (r < 0.8)
        weight = rand(80, 10);
    else if (r < 0.9)
        weight = rand(90, 10);
    else
        weight = rand(100, 10);
    temp.setWeight(weight);

    //disease
    r = Math.random();
    if(r < 0.2)
        disease = "感冒";
    else if (r < 0.4)
        disease = "乙肝";
    else if (r < 0.6)
        disease = "高血压";
    else if (r < 0.8)
        disease = "艾滋病";
    else
        disease = "骨折";
    temp.setDisease(disease);

    return temp;
}
//产生一个基于 base 增长幅度为 rang 的随机数
```

```
        public static int rand(int base,int rang) {

            rang = (int)(Math.random() * rang);
            return base + rang;
        }
    }


    /**
     * 类名 :K
     * 文件: K.java
     * 描述:用于实现 k-匿名和存储 k-匿名后的结果实例
     * 方法:包含数据表的 get()set()方法、k-匿名方法和数据泛化方法
     * 时间:2015 年 5 月 10 日 15:51:11
     * 备注:该程序为 k-匿名的基本实现,并未做任何优化,为节省篇幅,由自动生成的 get()
set()方法已省略。
     * */
    package domain;

    import java.util.ArrayList;
    import java.util.List;
    import dao.KDAO;

    public class K {
        private int No;
        private String sex;
        private String age;
        private String height;
        private String weight;
        private String address;
        private String disease;

        //k-匿名
        public static void k_anonymous(List<Org> org,int k ) throws Exception {
            List<Org> org_k = new ArrayList<Org>();

            int i = 0;
            KDAO kdao = new KDAO();

            for(Org j:org)
        {
```

```
        org_k.add(j);
        i++;//计数变量

        //读取了 K 个记录后开始泛化
        if(i % k == 0)
        {
            K temp = generalize(org_k);
            for(int m = 0;m < k; m++)
            {
                K out = new K();
                out.setSex(temp.getSex());
                out.setAge(temp.getAge());
                out.setHeight(temp.getHeight());
                out.setWeight(temp.getWeight());
                out.setAddress(temp.getAddress());
                out.setDisease(org_k.get(m).getDisease());

                kdao.save(out);
            }
            org_k.clear();
        }
    }
}
//属性值泛化
public static K generalize(List<Org> org)
{
    K result = new K();
    int sex_flag      = 0;
    int age_min       = 0;
    int age_max       = 0;
    int height_min    = 0;
    int height_max    = 0;
    int weight_min    = 0;
    int weight_max    = 0;
    int address_flag  = 0;
    String add        = "";
    for(Org i:org)
    {
        if(org.indexOf(i) == 0)
        {
```

```
                    sex_flag    = i.getSex();
                    age_min     = i.getAge();
                    age_max     = i.getAge();
                    height_min = i.getHeight();
                    height_max = i.getHeight();
                    weight_min = i.getWeight();
                    weight_max = i.getWeight();
                    add         = i.getAddress().substring(0, 3);
                }
            if(sex_flag ! = i.getSex())
                sex_flag = -1;

            if(age_min > i.getAge())
                age_min = i.getAge();
            if(age_max < i.getAge())
                age_max = i.getAge();

            if(height_min >i.getHeight())
                height_min = i.getHeight();
            if(height_max <i.getHeight())
                height_max = i.getHeight();

            if(weight_min >i.getWeight())
                weight_min = i.getWeight();
            if(weight_max <i.getWeight())
                weight_max = i.getWeight();

            if(add.equals(i.getAddress().substring(0, 3)) == false)
                address_flag = -1;
        }
    String sex      = "";
    String age      = "";
    String height   = "";
    String weight   = "";
    String address = "";

    if(sex_flag == -1)
        sex = " * ";
    if(sex_flag == 0 || sex_flag == 1 )
        sex = "" + sex_flag;
```

```
        age = age_min + "_" + age_max;
        height = height_min + "_" + height_max;
        weight = weight_min + "_" + weight_max;
        if(address_flag == -1)
            address = "北京市";
        if(address_flag == 0)
            address = org.get(1).getAddress().substring(0, 3);

    result.setSex(sex);
    result.setAge(age);
    result.setHeight(height);
    result.setWeight(weight);
    result.setAddress(address);
    return result;
    }
}


/**
* 类名 :Test
* 文件：Test.java
* 描述:用于测试,产生随机数据和 k-匿名
* 方法:main()方法
* 时间: 2015 年 5 月 10 日 16:18:22
* 备注:
**/
package operation;
import java.util.List;

import dao.*;
import domain.*;

public class Test {
    public static void main(String[] args) throws Exception {
//生成数据
//        for(int i = 1 ; i<1000 ; i++)
//        {
//            Org o = Org.generate();
//            OrgDAO orgDAO = new OrgDAO();
//            try {
//                orgDAO.save(o);
```

159

```
//           System.out.println("save");
//        } catch (Exception e) {
//           // TODO 自动生成的 catch 块
//           e.printStackTrace();
//        }
//     }

//k-匿名部分
     OrgDAO orgDAO = new OrgDAO();
     List<Org> list_org = orgDAO.read();

     K.k_anonymous(list_org, 2);

     System.out.println("done");
  }
}
```

附录 B-2   泛化补充算法

算法 1   基于数据立方体的泛化算法[107]：

对泛化后关系数据表进行分类规则挖掘时需要进行大量的聚合运算,如计数、求和等,数据立方体的方格内存放的是一些聚合值在进行聚合运算时,其效率远高于对关系数据库进行聚合运算。因此,研究人员提出了一种基于数据立方体的泛化算法。

基于数据立方体的泛化算法共分为 4 步,如下所示。

第一步,初始化。首先,根据用户提出的发现任务,收集相关数据。然后确定每维的概念层次(自动提取数值型概念层次或动态调整已有概念层次)。

第二步,构造基本立方体(Basecube)。这一步中首先根据数据库的数据分布特性(对于离散属性确定不同值的个数,连续值则确定数值间的最小间隔)确定每维的最初泛化层次,然后进行聚合计算来构造基本立方体。

第三步,按照基本泛化策略对每维进行泛化造作,以确定每维理想的泛化层次。

第四步,在新的泛化层次上对 Basecube 进行再计算,以构造最终的泛化立方体 Primecube。这一步中将大量使用数据立方体的操作。

基于数据立方体的泛化算法如下所示。

输入:①一个待挖掘的关系数据集;②一个任务;③ 一个概念层次集合 $Gen(A_i)$, A_i 是任意维;④T_i,任意维 A_i 的泛化阈值。

输出:一个最终泛化的数据立方体。

方法:

(1) 始化

① 根据用户的学习任务,确定每一维对应的属性,并从初始关系数据集中收集相关的

数据。

  ② for 每一维 Ai do

    begin

      if Ai 是数值型 and Ai 没有概念层次 then 自动生成概念层次

      else 动态调整概念层次以适应当前学习任务;

    end;

  (2) 造 Basecube

  ① 对于每一维的属性计算其在数据库中对应的不同值的个数,如果是数值型则计算数值间的最小间隔,根据不同值的个数或最小间隔确定每一维的最初泛化层次。

  ② 按最初泛化层次确定每维的维成员,并进行 count、sum 等聚合运算,构造基本立方体。

  (3) 确定每维的泛化层次

  ① 根据每一维的泛化阈值,进行基本泛化(算法 2.5)找到最终理想的层次 L_i。

  ② 找出每一维 A_i 的映射 $<v,v'>$,其中 v 是维成员值,v' 是 v 在泛化层上对应的概念值。

  (4) 构造 Primecube。

  ① 将 Basecube 的维成员 v 替换成 v'。

  ② 对 Basecube 进行数据立方体操作,构造 Primecube。

  两种经典的泛化算法如下所示。

算法 2 μ-Argus 算法

  μ-Argus 算法是 A. Hundpool 和 L. Willenborg 于 1996 年提出的一种自底向上的贪婪的泛化算法。

  输入:原始数据表 PT,准标识符 QI$=(A_1,A_2,\cdots,A_n)$,准标识符分为 Identifying、More、Most 这 3 个不相交的子集,并且 QI$=$Identifying$\bigcup$More$\bigcup$Most。

  输出:MT——泛化的 PT[QI]。

  假定:|PT|$\geqslant k$(k 为约束条件)。

  方法:① 构造 freq,freq 包含 PT[QI]中不同次序,以及每个次序上元组出现的次数。

    ② 泛化 freq 中每一个属性 A_i 直到每一个属性值满足 k。

    ③ 测试 Identifying、More、Most 的 2-结合和 3-结合(笛卡儿积),将不满足大于 k 记录的结合存储到 outliers 中。

    ④ 用户持有者决定是否泛化基于 outliers 中的属性 A_j,如果是,则对 A_j 泛化。freq 中包含泛化的结果。

    ⑤ 重复第三步和第四步,直到数据持有者不再进行选择泛化。

    ⑥ 根据隐匿优先,自动隐匿 outliers 中出现次数最多的值。

  注:该算法隐匿是基于单元上的,即不是隐匿整条元组,而是隐匿某条元组的某个分量。不足是不能保证一定满足 k-anonymity 的。

  μ-Argus 算法实例,如图 B-2-1、B-2-2、B-2-3 所示。

算法 3 DataFly Algorithm 算法[106]

  DataFly 算法是 L. Sweeney 在 1998 年提出的一种贪婪的泛化算法。

  输入:原始数据表 PT,准标识符 QI$=(A_1,A_2,\cdots,A_n)$,k 的大小,域泛化层 DGH$_{A_i}$。

  输出:MGT——PT[QI]满足 k-匿名的泛化。

  假定:|PT|$>=k$。

Birth	ZIP	occurs	sid	outliers
1965	02141	2	$\{t_1, t_2\}$	{}
1965	02138	2	$\{t_3, t_4\}$	{}
1964	02138	3	$\{t_5, t_6, t_7\}$	{}
1965	02139	1	$\{t_8\}$	{}
1964	02139	2	$\{t_9, t_{10}\}$	{}
1967	02138	2	$\{t_{11}, t_{12}\}$	{}

V

Race	Birth	Sex	ZIP	occurs	sid	outliers
black	1965	male	02141	2	$\{t_1, t_2\}$	{}
black	1965	female	02138	2	$\{t_3, t_4\}$	{}
black	1964	female	02138	2	$\{t_5, t_6\}$	{}
white	1964	male	02138	1	$\{t_7\}$	{}
white	1965	female	02139	1	$\{t_8\}$	{{birth, zip}}
white	1964	male	02139	2	$\{t_9, t_{10}\}$	{}
white	1967	male	02138	2	$\{t_{11}, t_{12}\}$	{}

freq

图 B-2-1 子集 Most 和子集 More 的组合测试

Race	Birth	Sex	ZIP	occurs	sid	outliers
black	1965	male	02141	2	$\{t_1, t_2\}$	{}
black	1965	female	02138	2	$\{t_3, t_4\}$	{}
black	1964	female	02138	2	$\{t_5, t_6\}$	{}
white	1964	male	02138	1	$\{t_7\}$	{{birth, sex, zip}, {race, birth, zip}}
white	1965	female	02139	1	$\{t_8\}$	{{birth, zip}, {sex, zip}, {birth, sex, zip}, {race, birth, sex}, {race, birth, zip}, {race, sex}, {race, birth}}
white	1964	male	02139	2	$\{t_9, t_{10}\}$	{}
white	1967	male	02138	2	$\{t_{11}, t_{12}\}$	{}

图 B-2-2 抑制前的次数

id	Race	Birth Date	Gender	ZIP
t_1	black	1965	male	02141
t_2	black	1965	male	02141
t_3	black	1965	female	02138
t_4	black	1965	female	02138
t_5	black	1964	female	02138
t_6	black	1964	female	02138
t_7	white		male	02138
t_8	white			02139
t_9	white	1964	male	02139
t_{10}	white	1964	male	02139
t_{11}	white	1967	male	02138
t_{12}	white	1967	male	02138

MT

id	Race	Birth Date	Gender	ZIP
t_1	black	1965	male	02141
t_2	black	1965	male	02141
t_3	black	1965	female	02138
t_4	black	1965	female	02138
t_5	black	1964	female	02138
t_6	black	1964	female	02138
t_7	white	1964	male	02138
t_8	white		female	02139
t_9	white	1964	male	02139
t_{10}	white	1964	male	02139
t_{11}	white	1967	male	02138
t_{12}	white	1967	male	02138

MT actual

图 B-2-3 由 μ-Argus 算法和程序得到的结果

方法：

(1)构造 freq，freq 包含 PT[QI]中不同次序，以及每个次序上元组出现的次数。

(2)直到少于 k 条不同的元组有不同的次序时。

① 找到 freq 中出现最多不同值的属性 A_i。

② 泛化 freq 中 A_i 属性。

(3)隐匿 freq 中出现次数少于 k 的次序。

(4)强制 freq 中隐匿的元组满足 k 要求。

(5)返回 MGT。

注：该算法省略了对准标识符中各属性赋权值的过程，可以先实现该算法，后期再使其更完善。该算法不用精度公式进行计算。DataFly 算法的不足是该算法的泛化和隐匿是针对整个元组中和属性相关的所有值。这样经过泛化和抑制后发布的数据失真就比较大，给出的结果也不够精确。

DataFly 算法实例,如图 B-2-4、B-2-5 所示。

Race	BirthDate	Gender	ZIP	#occurs	
black	9/20/65	male	02141	1	t_1
black	2/14/65	male	02141	1	t_2
black	10/23/65	female	02138	1	t_3
black	8/24/65	female	02138	1	t_4
black	11/7/64	female	02138	1	t_5
black	12/1/64	female	02138	1	t_6
white	10/23/64	male	02138	1	t_7
white	3/15/65	female	02139	1	t_8
white	8/13/64	male	02139	1	t_9
white	5/5/64	male	02139	1	t_{10}
white	2/13/67	male	02138	1	t_{11}
white	3/21/67	male	02138	1	t_{12}
2	12	2	3		

A

Race	BirthDate	Gender	ZIP	#occurs	
black	1965	male	02141	2	t_1, t_2
black	1965	female	02138	2	t_3, t_4
black	1964	female	02138	2	t_5, t_6
white	1964	male	02138	1	t_7
white	1965	female	02139	1	t_8
white	1964	male	02139	2	t_9, t_{10}
white	1987	male	02138	2	t_{11}, t_{12}
2	3	2	3		

B

图 B-2-4 DataFly 算法得到的中间结果

Race	BirthDate	Gender	ZIP	Problem
black	1965	male	02141	short of breath
black	1965	male	02141	chest pain
black	1965	female	02138	painful eye
black	1965	female	02138	wheezing
black	1964	female	02138	obesity
black	1964	female	02138	chest pain
white	1964	male	02139	obesity
white	1964	male	02139	fever
white	1967	male	02138	vomiting
white	1967	male	02138	back pain

图 B-2-5 由 DataFly 算法($k=2$,QI$=\{$Race,BirthDate,Gender,ZIP$\}$)得到表 MGT

附录 C　本书中术语的中英对照

英文	中文
Access Control	访问控制
Access-Free Type	自由访问型隐私保护
Access-Restricted Type	受限访问型隐私保护
Adversary	不怀好意的人/敌人
Anonymity	匿名性
Attack Model	攻击模型
Attacker	攻击者
Attribute Disclosure	属性披露
Auditability	可审查性
Authenticity	真实性
Availability	可用性
Background Knowledge	背景知识
Certification	认证
Cipher Text	密文
Cluster/Clustering	聚类
Collaborative Filtering	协同过滤
Confidentiality	机密性
Controllability	可控性
Data Completeness	数据的完备性
Data Distortion	数据失真
Data Query	数据查询
Data Release	数据发布
Data Swapping	数据交换
Data Table	数据表
Data Utility	可用性
Date Mining	数据挖掘
Decryption Key	解密钥匙
Differential Privacy	差分隐私
Differential-Private Anonymization Algorithm	差分隐私匿名化算法
Digital Signature	数字签名
Disclosure	泄露

164

Disclosure Risk	隐私泄露风险
Discrete Fourier Transform	离散的傅里叶变换
Discrete Wavelet Transform	离散的小波变换
Discretionary Access Control, DAC	自主访问控制
Electronic Commerce	电子商务
Electronic Record	电子档案
Explicit Identifier, EI/ID	标识符
Fast Fourier Transform	快速傅里叶变换
Full Access Mode	完全访问模式
Generalization	泛化/概化
Generalization Structure Tree	泛化结构树
Global Sensitivity	全局敏感度
Government Regulation	政府监管
Granularity	粒度
Hacker	黑客
Homomorphic Encryption	同态加密技术
Individually Identifying Attribute, ID	个体标识属性
Industry Guidelines	行业指引
Inferential Disclosure	推理披露
Information Loss	信息损失
Information Metrics	信息度量
Information Security	信息安全
Integrity	完整性
Interactive Scenario	交互式场景
Interface Mode	接口模式
Intruder	入侵者
k-anonymity	k-匿名
l-diversity	l-多样性
Legal & Regulatory	法律法规
Link Attack	链接攻击
Local Sensitivity	局部敏感度
Mandatory Access Control, MAC	强制访问控制
Membership Disclosure	成员披露
Micro Aggregation	聚集/微聚合
Microdata	微数据
Network Privacy Protection	网络隐私保护
Network Trace	网络痕迹
Noise Mechanism	噪音机制
Non-Interactive Scenario	非交互式场景
Non-Sensitive Attributes, NSA	非敏感属性

Oblivious Transfer	不经意传输
Original Data	原始数据
Personal Precautions	个人防范
Personalized Search	个性化搜索
Perturbation	扰动
Plain Text	明文
Privacy	隐私
Privacy-Preserving Data Publishing，PPDP	隐私保护数据发布
Pseudonymity	假名性
Quasi Identifier	准标识符
Query Log	查询日志
Query Privacy Preserving	查询隐私保护性
Random Perturbation	随机扰动
Randomization	随机化技术
Randomized Response	随机化应答
Re-Identification	重新标识化
Right of Privacy	隐私权
Role-Based Access Control	基于角色的访问控制模型
Rounding	凑整
Sampling	取样
Sampling Frequency，SF	取样率
Secure Multi-Party Computation，SMC	安全多方计算
Segmentation	分割
Self-discipline	行业自律
Sensitive Attribute	敏感属性
Snooper	窥探者
Social Network Privacy-preserving	社交网络的隐私保护
Specialization	特化
Statistical Property	统计特性
Subtype	子类型
Supertype	超类型
Suppression	抑制
Surveillance of Communications	通讯监管
Task-based Access Control	基于任务的访问控制模型
Topcoding or Thresholding	阈值转换法
Types of Disclosure	泄露的类型
Unlinkability	不可链接性
User Profile	用户资料/用户兴趣模型
Video Surveillance	视频监控

附录 D　推荐阅读的文献

① Platform for privacy preferences（P3P）project，其网址为：http://www. w3. org/P3P/。

② Enterprise privacy authorization language（EPAL 1. 2），其网址为：http://www. w3. org/Submission/EPAL/。

③ BNA Privacy & Security Law Report，其网址为：http://www. bna. com/products/corplaw/pvln. htm。

④ BNA Privacy Law Watch，其网址为：http://www. bna. com/products/ip/pwdm. htm。

⑤ Privacy Law & Business，其网址为：http://www. privacylaws. com。

⑥ EDRI-Gram，其网址为：http://www. edri. org/edrigram。

⑦ Privacy and Information Security Blog Law（Hunton & Williams）. This blog will help you to find the primary source of the news，其网址为：http://www. huntonprivacyblog. com/。

⑧ Baker McKenzie，Privacy Law Resources，其网址为：http://www. bmck. com/ecommerce/home-privacy. htm。

⑨ Baker McKenzie，Security Law Resources，其网址为：http://www. bmck. com/ecommerce/home-security. htm。

⑩ Privacy Exchange，其网址为：http://www. privacyexchange. org/。

⑪ Panoptic on，其网址为：http://www. panopticonblog. com/2011/01/05/scottish-government-issued-privacy-guidance/。

参 考 文 献

[1] Steiner P. Issue of The New Yorker[EB/OL]. (1993-07-05) [2010-10-15]. http://www. unc. edu/depts/jomc/academics/dri/idog. html.

[2] Fung B C M, Wang Ke, Chen Rui, et al. Privacy-preserving data publishing: a survey on recent developments[J]. ACM Computing Surveys (CSUR), 2010, 42(4):1-53.

[3] 林培光, 康海燕. 面向 Web 的个性化语义信息检索技术[M]. 北京: 中国财政经济出版社, 2009.

[4] Samarati P. Protecting respondents' identities in microdata release[J]. IEEE Trans on Knowledge and Data Engineering, 2001, 13(6): 1010-1027.

[5] Sweeney L. Achieving k-anonymity privacy protection using generalization and suppression[J]. International Journal on Uncertainty, Fuzziness and Knowledge Based Systems, 2002, 10(5): 571-588.

[6] Sweeney L. k-anonymity: a model for protecting privacy[J]. International Journal of Uncertainty, Fuzziness and Knowledge-Based Systems, 2002, 10(5):557-570.

[7] Machanavajjhala A, Kifer D, Gehrke J. et al. l-diversity: privacy beyond k-anonymity [C]// LiuLing, Reuter A, Whang K Y, et al. Proceedings of the 22nd International Conference on Data Engineering (ICDE'06). New York: ACM, 2006: 24-35.

[8] Li Ninghui, Li Tiancheng. t-closeness: privacy beyond k-anonymity and l-diversity [C]//Jarke M, Carey M J, Dittrich K R, et al. Proceedings of the 23rd International Conference on Data Engineering. Istanbul: IEEE, 2007: 106-115.

[9] Aggarwal G, Feder T, Kenthapadi K, et al. Achieving anonymity via clustering[J]. ACM Transactions on Algorithms, 2006, 6(3): 153-162.

[10] Meyerson A, Williams R. On the complexity of optimal k-anonymity[C]//Beeri C. Proceedings of the Twenty-third ACM SIGMOD-SIGACT-SIGART Symposium on Principles of Database Systems. Paris: ACM, 2004: 223-228.

[11] Martin D J, Kifer D, Machanavajjhala A, et al. Worst-case background knowledge for privacy-preserving data publishing[C]//Jarke M, Carey M J, Dittrich K R, et al. Proceedings of the 23rd International Conference on Data Engineering. Istanbul: IEEE, 2007: 126-135.

[12] Nergiz M E, Atzori M, Clifton C. Hiding the presence of individuals from shared databases[C]//Zhou Lizhi, Ling T W, Ooi B C. Proceedings of the 2007 ACM SIGMOD International Conference on Management of Data. Beijing: ACM, 2007: 665-676.

[13] Truta T M, Vinay B. Privacy protection: p-sensitive k-anonymity property[C]//Hegewald J, Naumann F, Weis M. Proceedings of the 22nd International Conference on Data Engineering Workshops. Atlanta Georgia: IEEE, 2006: 94.

[14] Xiao Xiaokui, Tao Yufei. M-invariance: towards privacy preserving re-publication of dynamic datasets[C]//Zhou Lizhi, Ling T W, Ooi B C. Proceedings of the 2007 ACM SIGMOD International Conference on Management of Data. Beijing: ACM, 2007: 689-700.

[15] Samarati P. Protecting respondents identities in microdata release[J]. Knowledge and Data Engineering, IEEE Transactions on, 2001, 13(6): 1010-1027.

[16] Wong R C W, Li Jiuyong, Fu A W C, et al. (α, k)-anonymity: an enhanced k-anonymity model for privacy preserving data publishing[C]//Eliassi-Rad T, Ungar L, Craven M, et al. Proceedings of the 12th ACM SIGKDD International Conference on Knowledge Discovery and Data Mining. Chicago: ACM, 2006: 754-759.

[17] Xiao Kuixiao, Xiao Yufei. Personalized privacy preservation[C]//O'Sullivan C, Pighin F. Proceedings of the 2006 ACM SIGMOD International Conference on Management of Data. Chicago: ACM, 2006: 229-240.

[18] Wang Ke, Xu Yabo, Fu A W C, et al. FF-anonymity: when quasi-identifiers are missing[C]// Goyal A, On B W, Bonchi F, et al. IEEE 25th International Conference on Data Engineering. Shanghai: IEEE, 2009: 1136-1139.

[19] Kifer D, Gehrke J. Injecting utility into anonymized datasets[C]//O'Sullivan C, Pighin F. Proceedings of the 2006 ACM SIGMOD International Conference on Management of Data. Chicago: ACM, 2006: 217-228.

[20] Fung B C M, Wang Ke, Yu P S. Top-down specialization for information and privacy preservation[C]// Franklin M, Lu H, Carely M J, et al. Proceedings of 21st International Conference on Data Engineering. Tokyo: IEEE, 2005: 205-216.

[21] Lefevre K, Dewitt D, Ramakrishnan R. Incognito: efficient full-domain k-anonymity [C]// Dale N B, Lowenthal E. Proceedings of ACM SIGMOD International Conference on Management of Data. Baltimore: ACM, 2005: 49-60.

[22] Lefevre K, Dewitt D, Ramakrishnan R. Mondrian multidimensional k-anonymity [C]//Liu Ling, Reuter A, Whang K Y. Proceedings of the 22nd International Conference on Data Engineering (ICDE). Georgia: IEEE, 2006: 25-35.

[23] Wang Ke, Fung B C M. Anonymizing sequential releases[C]//Eliassi-Rad T, Ungar L, Craven M, et al. Proceedings of the 12th ACM SIGKDD International Conference on Knowledge Discovery and Data Mining. Chicago: ACM, 2006: 414-423.

[24] Dwork C. Differential privacy: a survey of results[M]. Berlin Heidelberg: Springer, 2008.

[25] Byun J W, Sohn Y, Bertino E, et al. Secure anonymization for incremental datasets [C]// Jonker W, Petkovic M, Petkovic M, et al. The 3rd VLDB Workshop on Secure Data Management. Heidelberg: Springer-Verlag, 2006: 48-63.

[26] Pei Jian, Xu Jian, Wang Zhibin, et al. Maintaining k-anonymity against incremenal

updates[C]// Ioannidis Y E, Hansen D M. Proceedings of the 19th International Conference on Scientific and Statistical Database Management. Banff: IEEE, 2007.

[27] Ghinita G, Tao Yufei, Kalnis P. On the anonymization of sparse high-dimensional data[C]// Copenhagen U O,Church K M . Proceedings of the IEEE 24th International Conference on Data Engineering. Washington DC: IEEE, 2008: 715-724

[28] Xu Yabo, Wang Ke, Fu A C W, et al. Anonymizing transaction databases for publication[C]// SIGKDD. Proceedings of the ACM SIGKDD Conference on Knowledge Discovery and Data Mining (KDD). Vancouver: ACM, 2008.

[29] Chakaravarthy V, Gupta H, Roy P, et al. Efficient techniques for document sanitization[C]// Shanahan J G,Amer-Yahia S,Manolescu I, et al. Proceedings of the 17th ACM Conference on Information and Knowledge Management (CIKM). Vancouver: ACM, 2008.

[30] Terrovitis M, Mamoulis N, Kalnis P. Privacy-preserving anonymization of set-valued data[J]. Proceedings of the VLDB Endowment Hompage, 2008, 1(1):115-125.

[31] He Yeye, Naughton J F. Anonymization of set-valued data via top-down, local generalization[J]. Proceedings of the VLDB Endowment, 2009, 2:934-945.

[32] 张啸剑,王淼,孟小峰. 差分隐私保护下一种精确挖掘 top-k 频繁模式方法[J]. 计算机研究与发展, 2014, 51(1):104-114.

[33] Aggarwal G, Feder T, Kenthapadi K, et al. Anonymizing tables[C]//Eiter T, Libkin L. Proceedings of the 10th International Conference on Database Theory. Edinburgh: Springer, 2005:246-258.

[34] 童云海,陶有东,唐世渭,等. 隐私保护数据发布中身份保持的匿名方法[J]. 软件学报, 2010, 21(4): 771-781.

[35] Adar E. User 4xxxxx9: anonymizing query logs[C]//Williamson C, Zurko M E, Patel-Schneider P, et al. Proceedings of the 16th International Conference on World Wide Web. New York: ACM, 2007.

[36] Korolova A, Kenthapadi K, Mishra N, et al. Releasing search queries and clicks privately[C]//Quemada J,León G,Maarek Y, et al. Proceedings of the 18th International Conference on World Wide Web. Madrid: ACM, 2009: 171-180.

[37] Li Xiong, Agichtein E. Towards privacy-preserving query log publishing[C]//Huai Jinpeng, Chen Rui, Hon H W,et al. International Conference on World Wide Web. Braff:ACM,2007.

[38] Hong Yuan, He Xiaoyun, Vaidya J, et al. Effective anonymization of query logs [C]//Cheung D, Song I Y,Chu W, et al. Proceedings of the 18th ACM Conference on Information and Knowledge Management (CIKM 2009). Hong Kong: ACM, 2009: 1465-1468.

[39] Kodeswaran P, Viegas E. Applying differential privacy to search queries in a policy based interactive framework[C]//Muntés V,Nin J. Proceeding of the ACM First International Workshop on Privacy & Anonymity for Very Larg Databases, 2009: 25-32.

［40］ Kumar R，Novak J，Pang B，et al. On anonymizing query logs via token-based hashing[C]//Williamson C，Zurko M E，Patel-Schneider P，et al. Proceedings of the 16th International Conference on World Wide Web. New York：ACM，2007：629-638.

［41］ Jones R，Kumar R，Pang B，et al. Vanity fair：privacy in query log bundles[C]// Shanahan J G，Amer-Yahia S，Manolescu I，et al. Proceeding of the 17th ACM Conference on Information and Knowledge Management. New York：ACM，2008：853-862.

［42］ 周水庚，李丰，陶宇飞，等. 面向数据库应用的隐私保护研究综述[J]. 计算机学报，2009，32(05)：847-861.

［43］ Xu Yabo，Zhang Benyu，Chen Zheng，et al. Privacy-enhancing personalized web search[C]//Huai Jinpeng，Chen Rui，Hon H W，et al. International Conference on World Wide Web. Banff：ACM，2007：591-600.

［44］ 李太勇，唐常杰，吴江，等. 基于两次聚类的k-匿名隐私保护[J]. 吉林大学学报(信息科学版)，2009，27(2)：173-178.

［45］ 杨晓春，王雅哲，王斌，等. 数据发布中面向多敏感属性的隐私保护方法[J]. 计算机学报，2008，31(4)：574-587.

［46］ Michael J. Privacy and human rights：an international and comparative study，with special reference to developments in information technology[M]. Aldershot Hants：Dartmouth Publishing Company，1994.

［47］ 冯兴吾，刘登桥，张静. 我国隐私权的法律分析[EB/OL]. [2011-04-15]. http://www.lawtime.cn/info/funvquanyi/nxysq/2010032845517.html.

［48］ Privacy and Human Rights[EB/OL]. [2011-04-15]. http://gilc.org/privacy/survey/.

［49］ Warrens S，Brandeis L. The right to privacy[EB/OL]. [2011-04-15]. http://www.spywarewarrior.com/uiuc/w-b.htm.

［50］ 隐私权[EB/OL]. [2015-08-20]. http://baike.baidu.com/link? url＝JCErGj8dOgV12S-rW-FIg7SsxHblnSEbunigAJzM17WCVhUYhNlEbv-MHawfqX79YhMuVj_thQ4XVGIVVgvpEN_.

［51］ 兰丽辉，鞠时光，金华，等. 数据发布中的隐私保护研究综述[J]. 计算机应用研究，2010，27(8)：2823-2827.

［52］ 臧铖. 个性化搜索中隐私保护的关键问题研究[D]. 浙江：浙江大学，2008.

［53］ 孙美丽. 美国和欧盟的数据隐私保护策略[J]. 情报科学，2004，22(10)：1265-1267.

［54］ Safe Harbor[EB/OL]. (2010-12-26) [2011-04-15]. http://www.searchcio.com.cn/word_4190.htm/.

［55］ Top Trends of 2010：Privacy[EB/OL]. (2010-12-26) [2014-04-15]. http://www.readwriteweb.com/archives/privacy_top_trends_of_2010.php.

［56］ 张军，熊枫. 网络隐私保护技术综述[J]. 计算机应用研究. 2005，22(7)：9-11，28.

［57］ 周登宪，王志华，乔丽华. 国际个人数据信息保护概览[J]. 征信，2014，6：66-69.

［58］ 中国移动支付[EB/OL]. [2011-04-15]. http://labs.chinamobile.com/groups/58_390.

［59］ 最高人民法院,关于贯彻执行《中华人民共和国民法通则》若干问题的意见(试行). (2010-08-18)[2011-07-10]. http://www.npc.gov.cn/huiyi/lfzt/swmsgxflsyf/2010-08/18/content_1588353.htm.

[60] 郁宏军，樊士新. 我国数据隐私保护历史[EB/OL].（2004-09-27）[2011-04-15]. http://www. chinacourt. org/html/article/200409/27/133061. shtml/.

[61] Cel Y，Vassilios S，Chris S V，et al. Using unknowns to prevent discovery of association rules[J]. ACM SIGMOD Record，2001，30(4):45-54.

[62] Weitzner D J，Abelson H，Tim B，et al. Transparent Accountable Data Mining：New Strategies for Privacy Protection[R]. Cambridge MA：MIT，2006.

[63] Berkeley University：Ubicomp Privacy Research Group[EB/OL]. [2014-04-15]. http://guir. berkeley. edu/groups/privacy/.

[64] 李学明，刘志军，秦东霞. 隐私保护数据挖掘[J]. 计算机应用研究，2008，25(12):3550-3554.

[65] 马廷淮，唐美丽. 基于隐私保护的数据挖掘方法[J]. 计算机工程，2008，34(9):78-80.

[66] A good international survey[EB/OL].（1990-12-14）[2011-02-18]. http://www. gilc. org/privacy/survey/.

[67] Rezgui A，Bouguettaya A，Eltoweissy M Y. Privacy on the web：facts，challenges，and solutions [J]. IEEE Security & Privacy Magazine，2003，1(16):40-49.

[68] Goldberg I. Privacy-enhancing technologies for the Internet，II：Five years later[J]. Lecture Notes in Computer Science，1997，3(3):103-109.

[69] Seničar V，Jerman-Blažič B，Klobučar T. Privacy-Enhancing Technologies Approaches and Development [J]. Computer Standards & Interfaces，2003，25：147-158.

[70] Privacy International—overview of privacy[EB/OL]. [2015-04-15]. http://www. privacyinternational. org.

[71] 国家互联网应急中心. 2010 年互联网网络安全态势综述[EB/OL]. [2011-04-15]. http://www. cert. org. cn/.

[72] 新技术引发新隐私危机 你可能正在网络上"裸奔"？[EB/OL].（2010-11-20）[2011-04-15]. http://focus. szonline. net/Channel/201011/20101120/289949. html.

[73] 王滟方，谢文阁. 数据挖掘的隐私保护研究[J]. 大众科技，2010，(10):20-21，28.

[74] 吴英杰，倪巍伟，张柏利，等. k-APPRP：一种基于划分的增量数据重发布隐私保护算法[J]. 小型微机计算机系统. 2009，8(30):1581-1586.

[75] 维基解密公布上千线人身份遭合作媒体谴责[EB/OL]. [2011-9-5]. http://news. tom. com/2011-09-05/OKVF/84266374. html? source＝SK_NEWS.

[76] Agrawal R. Data mining：crossing the Chasm [C]// Fayyad U，Chaudhuri S，Madigan D. Proceedings of the 5th International Conference on Knowledge Discovery in Databases and Data Mining. San Diego：ACM，1999.

[77] Verykios V S，Bertino E，Fovino I N，et al. State-of-the-art in privacy-preserving data mining[J]. Sigmod Record，2004，33(1):50-57.

[78] Lian Cheng. 个人数据安全：用 GnuPG 保护个人隐私数据[EB/OL].（2012-08-07）[2010-01-24]. http://blog. liancheng. info/? p＝338.

[79] Fertik M. 保护个人在线隐私的 10 个方法[EB/OL]. [2010-10-22]. http://www. newsweek. com/search. html? q＝privacy.

[80] 苑晓姣，康海燕. 差分隐私保护的关键技术研究[D]. 北京：北京信息科技大学，2014.

[81] Chawla S, Dwork C, McSherry F, et al. Toward privacy in public databases[M]// Theory of Cryptography. Heidelberg：Theory of Cryptography，2005：363-385.

[82] Rastogi V，Suciu D，Hong S. The boundary between privacy and utility in data pub- lishing[J]. VLDB，2007：531-542.

[83] Jain A K，Dubes R C. Algorithms for Clustering Data[J]. Englewood Cliffs Prentice Hall，1988，32(2)：227-229.

[84] Zhang Qing，Koudas N，Srivastava D，et al. Aggregate query answering on anony- mized tables[C]//Data Engineering，2007. ICDE 2007. IEEE 23rd International Con- ference on. Istanbul：IEEE，2007：116-125.

[85] Fan Liyue，Xiong Li. An adaptive approach to real-time aggregate monitoring with differential privacy[J]. Knowledge and Data Engineering，IEEE Transactions on， 2014，26(9)：2094-2106.

[86] Nergiz M E，Clifton C，Nergiz A E. Multirelational k-anonymity[J]. Knowledge and Data Engineering，IEEE Transactions on，2009，21(8)：1104-1117.

[87] Blum A，Ligett K，Roth A. A learning theory approach to non-interactive database privacy[J]. Journal of the ACM，2013，60(2)：609-618.

[88] Li Jiexing，Tao Yufei，Xiao Xiaokui. Preservation of proximity privacy in publishing numerical sensitive data[C]//Lakshmanan L V S，Ng R T，Shasha D. Proceedings of the 2008 ACM SIGMOD International Conference on Management of Data. Vancou- ver：ACM，2008：473-486.

[89] 康海燕，XIONG Li. 面向大数据的个性化检索中用户匿名化方法[J]. 西安电子科技 大学学报，2014，41(5)：148-154,160.

[90] 康海燕，杨孔雨，陈建明. 基于 k-匿名的个性化隐私保护方法研究[J]. 山东大学学报 （理学版），2014，49(9)：142-149.

[91] 李清华，康海燕，苑晓姣. 隐私保护中基于相似度的有损连接方法研究[J]. 计算机应 用与软件，2012，29(11)：123-125,242.

[92] Emam K，Dankar F，Issa J，et al. A globally optimal k-anonymity method for the de- identification of health data[J]. Journal of the American Medical Informatics Associa- tion，2009，16(5)：670-682.

[93] 霍峥，孟小峰. 轨迹隐私保护技术研究[J]. 计算机学报，2011，34(10)：1820-1830.

[94] 罗红薇，刘国华. 保护隐私的(l,k)-匿名[J]. 计算机应用研究. 2008，25(2)： 526-527.

[95] 傅鹤岗，杨 波. (s,d)-个性化 k-匿名隐私保护模型[J]. 微型机与应用. 2011，30(5)： 85-87.

[96] UCI Machine Learning Repository[EB/OL]. [2012-10-22]. http://archive. ics. uci. edu/ml/datasets/Adult.

[97] Adam N，Wortmann J C. Security control methods for statistical databases：a com- parison study[J]. ACM Computing Surveys，1989，21 (4)：515-556.

[98] Warner S L. Randomized response：a survey technique for eliminating evasive answer

bias[J]. The American Statistical Association, 1965, 60 (309): 63-69.

[99]　Fienberg S E, Mcintyre J. Data swapping: variations on a theme by Paknius and Reiss[J]. Lecture Notes in Computer Science, 2004, 21(2):14-29.

[100]　Pinkas B. Cryptographic techniques for privacy preserving data mining [J]. ACM SIGKDD Explorations, 2002, 4 (2): 12-19.

[101]　Evfimievski A, Srikant R, Agrawal R, et al. Privacy preserving mining of association rules[J]. Information Systems, 2004, 29(4): 343-364.

[102]　Vaidya J S, Clifton C. Privacy preserving association rule mining in vertically partitioned data[C]//Mohammed J Z, Jason T-L W, Hannu T. Proceedings of the ACM SIGKDD International Conference on Knowledge Discovery and Data Mining (SIGKDD). Edmonton Alberta: ACM, 2002: 639-644.

[103]　Kantarcioglu M, Clifton C. Privacy-preserving distributed mining of association rules on horizontally partitioned data[J]. IEEE Transactions on Knowledge and Data Engineering, 2004, 16 (9): 1026-1037.

[104]　Wang Ke, Yu P S, Chakraborty S. Bottom-up generalization: a data mining solution to privacy protection[C]//Data Mining, 2004. ICDM'04. Fourth IEEE International Conference on. Brighton: IEEE, 2004: 249-256.

[105]　Vaidya J, Clifton C. Privacy-preserving k-means clustering over vertically partitioned data[C]//Getoor L, Senator T, Domingos P, et al. Proceedings of the Ninth ACM SIGKDD International Conference on Knowledge Discovery and Data Mining. San Diego: ACM, 2003: 206-215.

[106]　Sweeney L. Data y: a system for providing anonymity in medical data[C]//IFIP WG 11. 3 Workshop on Database Security. Processing of the International Conference on Database Security. Chalkidiki: Springer, 1998: 356-381.

[107]　黄建国. 数据泛化是什么[EB/OL]. (2011-03-07)[2011-09-05]. http://zhidao.baidu. com/question/233626512. html.

[108]　世界为何需要"维基揭密"视频[EB/OL]. (2011-03-07) [2011-09-05]. http://v.163. com/movie/2010/7/2/P/M78FJFC7S_M78FJJF2P. html.

[109]　隐私[EB/OL]. [2015-04-25]. http://baike. baidu. com/link? url=_7fbQzwn8isME _A7EC4uUgeCzix3w1HzItXSpnj7v9Wu-Q1t4oLlQ _r2 _aUXzfjQOUjhRBBTsRXS-bk5l909kH2-2m-MXfw8m8EELKYENpN7.

[110]　Dalenius T. Towards a methodology for statistical disclosure control[J]. Statistik Tidskrift, 1977, 15(1): 429-444.

[111]　Dwork C. Differential privacy[C]//anf der Heide F M, Monien B. Proceedings of the 33rd International Colloquium on Automata, Languages and Programming. Venice: Springer, 2006: 1-12.

[112]　Goldwasser S, Micali S. Probabilistic encryption[J]. Journal of Computer and System Sciences, 1984, 28(84): 270-299.

[113]　熊平,朱天清,王晓峰. 差分隐私保护及其应用[J]. 计算机学报, 2014, 37(1): 101-121.

[114] Friedman A, Schuster A. Data mining with differential privacy[C]//Rao B, Krishnapuram B, Tomkins A, et al. Proceedings of the 16th ACM SIGKDD International Conference on Knowledge Discovery and Data Mining. Washington: ACM, 2010: 493-502.

[115] Emam K, Dankar F, Issa J, et al. A globally optimal k-anonymity method for the de-identification of health data[J]. Journal of the American Medical Informatics Association, 2009, 16(5): 670-682.

[116] 李清华, 康海燕, 苑晓姣等. 个性化搜索中用户兴趣模型匿名化研究[J]. 西安交通大学学报, 2013, 47(4): 131-136.

[117] Han Jiawei, Pei Jian, Yin Yiwen, et al. Mining frequent patterns without candidate generation: a frequent-pattern tree approach[J]. Data mining and Knowledge Discovery, 2004, 8(1):53-87.

[118] Bhaskar R, Laxman S, Smith A, et al. Discovering frequent patterns in sensitive data[C]//Rao B, Krishnapuram B, Tomkins A, et al. Proceedings of the 16th ACM SIGKDD International Conference on Knowledge Discovery and Data Mining. Washington: ACM, 2010:503-512.

[119] Li Ninghui, Qardaji W, Su Dong, et al. PrivBasis: frequent itemset mining with differential privacy[C]//Jagadish H V, Zhou A. Proceedings of the VLDB Endowment. Istanbul: VLDB Endowment, 2012, 5(11): 1340-1351.

[120] 赵格, 康海燕. 基于差分隐私的电子商务隐私保护数据发布[J]. 物流工程与管理, 2014, 36(11): 119-122.

[121] Evfimievski A. Randomization in privacy preserving data mining[J]. SIGKDD Explorations, 2002, 04(2): 43-48.

[122] 吴钰. 隐私保护的数据挖掘算法研究[D]. 成都:西南石油大学,2012.

[123] Agrawal R, Srikant R. Privacy preserving data mining[C]//Dunham M, Chen Weidong, Koudas N, et al. Proceedings of the ACM SIGMOD Conference on Management of Data. Dallas: ACM, 2000, 29(2):439-450.

[124] Lii C C A, Yu PS, Aggarwal. A survey of randomization methods for privacy-preserving data mining[C]//Privacy-Preserving Data Mining: Models and Algorithms. Volume 32 of Advances in Database Systems. Secaucus: Springer, 2008: 137-156.

[125] Warner S L. Randomized response: a survey technique for eliminating evasive answer bias [J]. Journal of the American Statistical Association, 1965, 60(309): 63-69.

[126] Andrew Y. Protocols for secure computations[C]//Foundations of Computer Science (FOCS). Proceedings of the 23rd Annual IEEE Symposium on Foundations of Computer Science. Chicago: IEEE, 1982: 160-164.

[127] Goldreich O, Micali S A, Wigderson A. How to play any mental game[C]//Aho A V. Proceedings of the 19th Annual ACM Conference on Theory of Computing. New York: ACM, 1987: 218-229.

[128] Shamir A. How to share a secret[J]. Communications of the ACM, 1979, 22 (11):

612-613.

[129] Yuan Hao, Quan Gui-Ying. Scheme for generalized quantum state sharing of a single-qubit state in cavity QED[J]. Communications in Theoretical Physics, 2009, 51(3): 424-428.

[130] Even S, Goldreich O, Lempel A. A randomized protocol for signing contracts[J]. Communications of the ACM, 1985, 28(6): 637-647.

[131] Rabin M O. How to exchange secrets with oblivious transfer[R]. Cambridge: Harvard University, 1981.

[132] 孙茂华. 安全多方计算及其应用研究[D]. 北京:北京邮电大学,2013.

[133] ElGamal T. A public key cryptosystem and a signature scheme based on discrete logarithms[J]. Advances in cryptology, 1985,31(4): 10-18.

[134] Paillier P. Public-key cryptosystems based on composite degree residuosity classes [C]//Stern J. Advances in Cryptology-EUROCRYPT'99. Berlin: Springer, 1999: 223-238.

[135] 贾哲. 分布式环境中信息挖掘与隐私保护相关技术研究[D]. 北京:北京邮电大学, 2012.

[136] Gentry C. Fully homomorphic encryption using ideal lattices[C]//Mitzenmacher M. The 41st ACM Symposium on Theory of Computing. Bethesda: ACM, 2009, 9: 169-178.

[137] Lampson B W. Dynamic protection structures[C]//Proceedings of AFIPS'69 FJCC, Boston: ACM, 1969: 27-38.

[138] 杨红. 访问控制技术研究综述[J]. 农业图书情报学刊, 2011, 23(3): 92-94.

[139] 洪帆. 访问控制概论[M]. 武汉:华中科技大学出版社, 2010.

[140] Sandhu R S. Lattice-based access control models[J]. Computer, 1993, 26(11): 9-19.

[141] Sandhu R S, Coyne E J, Feinstein H L, et al. Role-based access control models[J]. Computer, 1996 (2): 38-47.

[142] Thomas R K, Sandhu R S. Task-based authentication control (TBAC): a family of models for active an enterprise-oriented authentication management [C]//Lin T Y, Qian S. Proceeding of the IFIP TC11 WG11.3 Eleventh International Conference on Database Securty XI:Status and Prospects. Proceeding of the Ifip Wgll Workshop on Database security Lake Tahoe,1999:166-181.

[143] 姜文广. 面向第三方平台的个性化隐私保护研究[D]. 山东:山东大学,2013.

[144] 苑晓姣,康海燕. 一种查询日志匿名化算法[J]. 北京信息科技大学学报, 2013, 28(5): 24-27,31

[145] 赵格,康海燕. 电子商务中的隐私保护研究[D]. 北京:北京信息科技大学,2015.

[146] 李清华,康海燕. 数据发布中的隐私保护关键技术研究[D]. 北京:北京信息科技大学, 2013.

[147] 国外个人信息保护或隐私保护法规汇总[EB/OL]. (2011-09-11)[2015-09-24]. http://wenku.baidu.com/link? url=fGG7GDx5d0OrVJfgLcMIr1b6xseBJb8vE4l8y4S

30bnTsupGO9vENPp9vafXmbDEOHlgSh0JbO5h7BH9VNjMyC3QXoXDg6cnWxJ4l
hv4IUG.

[148] Wang Ke, Fung B, Yu P S. Template-based privacy preservation in classification problems[C]//Data Mining. Fifth IEEE International Conference on. Houston: IEEE, 2005: 466-473.

[149] Wang Ke, Fung B C M, Philip S Y. Handicapping attacker's confidence: an alternative to k-anonymization[J]. Knowledge and Information Systems, 2007, 11(3): 345-368.

[150] 张长星. 隐私保护数据挖掘算法的研究[D]. 无锡: 江南大学, 2009.

[151] Cox L H. Suppression methodology and statistical disclosure control[J]. Journal of the American Statistical Association, 1980, 75(370): 377-385.

[152] Dalenius T. Finding a needle in a haystack or identifying anonymous census records[J]. Journal of official statistics, 1986, 2(3): 329-336.

[153] Machanavajjhala A, Korolova A, Sarma A D. Personalized social recommendations: accurate or private[J]. Proceedings of the VLDB Endowment, 2011, 4(7): 440-450.

[154] Narayanan A, Shmatikov V. Robust de-anonymization of large sparse datasets[C]// Security and Privacy, 2008. SP 2008. IEEE Symposium on. Oakland: IEEE, 2008: 111-125.

[155] Dwork C, Naor M. On the difficulties of disclosure prevention in statistical databases or the case for differential privacy[J]. Journal of Privacy and Confidentiality, 2008, 2(1): 8.

[156] Wong R C W, Fu A W C, Wang Ke, et al. Minimality attack in privacy preserving data publishing[C]//Klas W, Neuhold E J. Proceedings of the 33rd International Conference on Very Large Data Bases. Beijing: VLDB Endowment, 2007: 543-554.

[157] Ganta S R, Kasiviswanathan S P, Smith A. Composition attacks and auxiliary information in data privacy[C]//Li Y, Liu B, Sarawagi S. Proceedings of the 14th ACM SIGKDD International Conference on Knowledge Discovery and Data Mining. Vancouver: ACM, 2008: 265-273.

[158] Wong R C W, Fu A W C, Wang Ke, et al. Can the utility of anonymized data be used for privacy breaches[J]. ACM Transactions on Knowledge Discovery from Data (TKDD), 2011, 5(3): 1-24.

[159] Kifer D. Attacks on privacy and deFinetti's theorem[C]//Binnig C, Dageville B, Cetintemel U, et al. Proceedings of the 2009 ACM SIGMOD International Conference on Management of data. Providence: ACM, 2009: 127-138.

[160] Dwork C. Differential privacy: a survey of results[M]//Theory and Applications of Models of Computation. Heidelberg: Springer Berlin Heidelberg, 2008: 1-19.

[161] Dwork C, Kenthapadi K, McSherry F, et al. Our data, ourselves: privacy via distributed noise generation[M]//Advances in Cryptology-EUROCRYPT 2006. Heidelberg: Springer Berlin Heidelberg, 2006: 486-503.

[162] Dwork C, McSherry F, Talwar K. The price of privacy and the limits of LP decoding[C]//Johnson D, Feige U. Proceedings of the Thirty-ninth annual ACM Symposium on Theory of Computing. Beijing: ACM, 2007: 85-94.

[163] Dwork C, Naor M. On the difficulties of disclosure prevention in statistical databases or the case for differential privacy[J]. Journal of Privacy and Confidentiality, 2008, 2(1): 8.

[164] Dwork C. The differential privacy frontier[M]//Theory of cryptography. Heidelberg: Springer Berlin Heidelberg, 2009: 496-502.

[165] Mohammed N, Chen Rui, Fung B, et al. Differentially private data release for data mining[C]//Apte C, Ghosh J, Smyth P. Proceedings of the 17th ACM SIGKDD international conference on Knowledge discovery and data mining. Athens: ACM, 2011: 493-501.

[166] Tianqing Zhu, Ping Xiong, Yang Xiang, et al. An effective deferentially private data releasing algorithm for decision tree[C]//Trust, Security and Privacy in Computing and Communications (TrustCom). 2013 12th IEEE International Conference on. Melbourne: IEEE, 2013: 388-395.

[167] Kasiviswanathan S P, Lee H K, Nissim K, et al. What can we learn privately[J]. SIAM Journal on Computing, 2011, 40(3): 793-826.

[168] Blum A, Ligett K, Roth A. A learning theory approach to noninteractive database privacy[J]. Journal of the ACM (JACM), 2013, 60(2): 12.

[169] Hardt M, Rothblum G N, Servedio R A. Private data release via learning thresholds [C]//Society for Industrial and Applied Mathematics and Association for Computing Machinery. Proceeding of the ACM-SIAM Symposium on Discrete Algorithms. Scottsdale: SIAM, 2012: 168.

[170] Dwork C, Rothblum G N, Vadhan S. Boosting and differential privacy[C]//Foundations of Computer Science (FOCS). 2010 51st Annual IEEE Symposium on. Las Vegas: IEEE, 2010: 51-60.

[171] Chan T H H, Shi E, Song D. Private and continual release of statistics[M]//Automata, Languages and Programming. Heidelberg: Springer Berlin Heidelberg, 2010: 405-417.

[172] 张啸剑, 孟小峰. 面向数据发布和分析的差分隐私保护[J]. 计算机学报, 2014, 37(4): 927-949.

[173] 欧盟保护网民隐私的方法和经验[EB/OL]. (2006-03-08)[2015-10-11]. http://tech. sina. com. cn/i/2006-03-08/1757861518. shtml.

[174] 德国保护网民隐私的方法和经验[EB/OL]. (2006-03-08)[2015-10-11]. http://tech. sina. com. cn/i/2006-03-08/1754861510. shtml.

[175] 德国要求 Facebook 销毁脸孔识别数据库[EB/OL]. (2012-08-28)[2015-10-11]. http://www. newhua. com/2012/0828/174413. shtml.

[176] 吴晓丽. 网络环境中隐私权保护制度研究[D]. 上海:复旦大学, 2009.

[177] 谢守分. 网络个人隐私保护的行业自律模式[EB/OL]. (2002-11-21) [2015-10-11].

http://article. chinalawinfo. com/ArticleHtml/Article_1823. shtml

[178] 徐嘉靖. 电子商务中用户隐私保护策略研究［D］. 广州：广东工业大学，2014.

[179] 中国互联网络信息中心. 第 36 次中国互联网络发展状况统计报告［EB/OL］.（2015-07-21）［2015-10-1］. http://www. cnnic. net. cn/hlwfzyj/hlwxzbg/hlwtjbg/201507/P020150723549500667087. pdf.

[180] 韩宝成. 人肉搜索与网络隐私权保护体系的构建［D］. 汕头：汕头大学，2010.

[181] 冯登国，张敏，李昊. 大数据安全与隐私保护［J］. 计算机学报，2014，01：246-258.

[182] 王忠，赵惠. 大数据时代个人数据的隐私顾虑研究——基于调研数据的分析［J］. 情报理论与实践，2014，11：26-29.

[183] Mayer-Schönberger V，Cukier K. Big data：a revolution that will transform how we live，work and think［M］. Boston：Houghton Mifflin Harcourt，2013.

[184] 王平水，王建东. 匿名化隐私保护技术研究综述［J］. 小型微型计算机系统，2011，2：249-252.

[185] 马运权. 个人金融信息管理：隐私保护与金融交易的权衡［D］. 济南：山东大学，2014.

[186] Cormode G，Srivastava D，Yu T，et al. Anonymizing bipartite graph data using safe groupings［J］. Proceedings of the VLDB Endowment，2008，1(1)：833-844.

[187] 张鹏，童云海，唐世渭，等. 一种有效的隐私保护关联规则挖掘方法［J］. 软件学报，2006，17(8)：1764-1774.

[188] Iyengar V S. Transforming data to satisfy privacy constraints［C］//Lee D，Schkolnick M，Provost F，et al. Proceedings of the eighth ACM SIGKDD international conference on Knowledge discovery and data mining. Madison：ACM，2002：279-288.

[189] Wang Ke，Yu P S，Chakraborty S. Bottom-up generalization：a data mining solution to privacy protection［C］//Data Mining. ICDM '04. The Fourth IEEE International Conference on Data Mining. 2004，249-256.

[190] Meyerson A，Williams R. On the complexity of optimal k-anonymity［C］//Beeri C. Proceedings of the twenty-third ACM SIGMOD-SIGACT-SIGART symposium on Principles of database systems. Paris：ACM，2004：223-228.

[191] Bayardo R J，Agrawal R. Data privacy through optimal k-anonymization［C］//Data Engineering，2005. ICDE 2005. Proceedings of the 21st International Conference on. Tokyo：IEEE，2005：217-228.

[192] Aggarwal C C. On k-anonymity and the curse of dimensionality［C］//Bratbergsengen K. Proceedings of the 31st international conference on Very large data bases. Chicago：VLDB Endowment，2005：901-909.

[193] Bertino E，Ooi B C，Yang Y，et al. Privacy and ownership preserving of outsourced medical data［C］//Data Engineering，2005. ICDE 2005. Proceedings. 21st International Conference on. Tokyo：IEEE，2005：521-532.

[194] Agrawal R，Srikant R. Privacy-preserving data mining［C］//Dunham M，Chen Weidong，Koudas N，et al. ACM Sigmod Record. Dallas：ACM，2000，29（2）：439-450.

[195] IBM Privacy Research Institute[EB/OL]. [2015-4-30]. http://www. research. ibm. com/privacy/.

[196] Evfimievski M，Srikant A，Agrawal R，et al. Privacy preserving Mining of Association Rules[J]. Information Systems，2004，29(4):343-364.

[197] Meyerson A，Williams R. On the complexity of optimal k-anonymity [C]//Beeri C. Proceedings of the twenty-third ACM SIGMOD-SIGACT-SIGART symposium on Principles of database systems Paris：ACM, 2004.

[198] Xiao Xiaokui，Tao Yufei. Anatomy：simple and effective privacy preservation[C]// Kersten M L，Al E. Proceedings of the 32nd international conference on Very large data bases. Chicago：VLDB Endowment，2006.

[199] Zhang Qing，Koudas N，Srivastava D，et al. Aggregate query answering on anonymized tables[C]//Data Engineering，2007. ICDE 2007. IEEE 23rd International Conference on. Istanbul：IEEE，2007.

[200] 刘颖. 数据挖掘领域的信息安全问题[J]. 计算机安全，2007，1:14-16.

[201] 兰丽辉，鞠时光，金华. 数据发布中的隐私保护研究综述[J]. 计算机应用研究，2010，27(8):2823-2827.

[202] Safe Harbor[EB/OL]. (2010-01-07)[2011-04-15]. http://www. searchcio. com. cn/word_4190. htm/.

[203] 杨丽华，钱洁. 我国数据隐私保护策略的探索与研究[J]. 情报杂志，2009，28(增刊):300-302.

[204] 我国数据隐私保护历史[EB/OL]. (2004-09-27)[2015-04-15]. http://www. china-court. org/html/article/200409/27/133061. shtml/.

[205] 金山网络:360 公司涉嫌大规模泄漏用户隐私[EB/OL]. (2010-12-31)[2011-04-15]. http://www. admin5. com/article/20101231/304302. shtml.

[206] Privacy-enhancing technologies[EB/OL]. [2011-04-24]. http://en. wikipedia. org/wiki/Privacy-enhancing_technologies.